王剑荣 游建章 王 剑 编著

现代科技公共服务模式创新研究

RESEARCH ON INNOVATION OF MODERN SCIENCE AND TECHNOLOGY PUBLIC SERVICE MODE

ZHEJIANG UNIVERSITY PRESS
浙江大学出版社

图书在版编目(CIP)数据

现代科技公共服务模式创新研究/王剑荣，游建章，王剑编著. —杭州：浙江大学出版社，2017.3
ISBN 978-7-308-15522-9

Ⅰ.①现… Ⅱ.①王…②游… Ⅲ.①科技服务—服务模式—研究—中国 Ⅳ.①G322

中国版本图书馆 CIP 数据核字（2016）第 002143 号

现代科技公共服务模式创新研究
Xiandai Keji Gonggong Fuwu Moshi Chuangxin Yanjiu
王剑荣　游建章　王剑　编著

责任编辑　张凌静(zlj@zju. edu. cn)
责任校对　汪淑芳
出版发行　浙江大学出版社
（杭州市天目山路 148 号　邮政编码 310007）
（网址：http://www. zjupress. com）
排　　版　杭州林智广告有限公司
印　　刷　嘉兴华源印刷厂
开　　本　710mm×1000mm　1/16
印　　张　13
字　　数　249 千
版 印 次　2017 年 3 月第 1 版　2017 年 3 月第 1 次印刷
书　　号　ISBN 978-7-308-15522-9
定　　价　52.00 元

浙江大学出版社发行中心联系方式：（0571）88925591；http://zjdxcbs. tmall. com

序　一

经济的不断增长，有力地推动着服务业的发展。相信每个人都能感受到我们自己在工作、生活中对服务业的需求和依赖正在与日俱增，不可想象如果离开了服务业，这个社会如何运行活动。在时下热门的词句中，有一个经常被提及，但又不是所有的人都能够清晰表述其含义的词，那就是“科技服务业”。在相关文件中，它被表述为“科技服务业是现代服务业的重要组成部分，具有人才智力密集、科技含量高、产业附加值大、辐射带动作用强等特点”；在科技专项规划中，它被表述为“科技服务业是基于信息网络、运用现代科技知识、现代技术和分析方法，向社会提供智力服务和支撑的产业”；在相关著作中，它被表述为“科技服务业是现代服务业的重要组成部分，是为促进科技和生产力的进步，运用先进科学知识、技术手段和方法，为新知识和新技术的产生、传播和应用提供服务的新兴产业，在国民经济和社会发展中具有十分重要的地位”。尽管这些表述不尽一致，但本质是一致的，即科技服务业是在科学知识、技术手段和方法的支持下，为社会提供科技服务的产业。

生产力促进中心作为科技服务体系的中坚力量，目前已发展到2500多家，为50多万家中小企业提供了卓有成效的科技服务，取得了不菲的服务业绩。宁波生产力促进中心是这支队伍中的佼佼者，多年来针对中小企业的需求，积极探索、勇于创新、深入发掘，在促进中小企业创新、提升生产力方面成绩斐然，不断迈出新的步伐。通过对企业需求的深入调研分析，宁波生产力促进中心推出了“科技管家”服务，在现代技术的支撑下，充分满足企业的需求，树立了良好的服务品牌形象。

“管家”二字包含着丰富的内涵,它建立了服务者与被服务者的契约关系,体现了双方利益的一致性,明确了服务的专业性,确定了共赢的可持续性。以往在论及科技管家服务时,往往多是从服务的形式、获得的成效去加以描述,缺乏对科技管家的理论基础、价值关系、治理机制等问题的研究。《现代科技服务模式创新研究——互联网、科技管家案例》一书是在国家科技计划项目的支持下,对有关科技管家服务的一些理论问题进行深入研究的结果,使得科技管家服务有了一定的科学理论基础,服务实践案例也为理论研究成果提供了相关佐证。

此书的出版是宁波生产力促进中心对我国生产力促进中心事业发展作出的突出贡献,有着很强的示范和指导作用。我们热切地期望生产力促进中心在注重服务实效的同时,能够加强对理论问题的研究,用以指导自身服务能力的增强,不断提高服务水平,为科技服务业的发展取得更大的成绩作出更大的贡献。

中国生产力促进中心协会副秘书长

2016 年 8 月

序　二

《现代科技服务模式创新研究——互联网、科技管家案例》一书的出版顺应了时代发展，迎合了全国广大中小企业的需求，依靠一支训练有素的科技服务专业队伍，完成了一件很有价值的工作。

党的十八大以来，党中央、国务院反复强调发展科技服务业，颁发了《国务院关于加快科技服务业发展的若干意见》（国发〔2014〕49号），以创新驱动，科技支撑，促进经济社会全面发展。全国的生产力促进中心主动出击，不断实践，努力探索，取得骄人的成绩，鼓舞人心。随着国家转变发展方式，产业转型升级，高新技术产业链不断延伸，中小企业将会在生产上遇到各种自身难以独立攻破的技术难题。宁波市生产力促进中心的实践为科技服务积累了经验：科技服务必须紧盯企业的需求。

如同“服务科学”的创新，科技服务的创新始终是个难题。难就难在科技服务既是一个传统的行业，又时时刻刻地受到科学技术，尤其是高新科技的牵引和推动。既要在服务内容赶上技术创新与发展，又要不断在服务提供的渠道、模式、手段等方面顺应时代的发展。本书为广大读者展现了科技服务工作者面对困难的决心与勇气、聪明与智慧。这就不得不提到另一个话题：现代科技服务模式创新一定要有适宜的人才。这种人才不一定只产生于生产力促进中心的体系内部，也可来自各行各业，是专职和兼职巧妙融合的团队。团队的沟通交流完全可以用现代通信技术、大数据技术实现，超越时空的局限。

最后，本人认为将“管家”理念运用于科技服务，给“服务科学”理论注入了新的内涵。本人也一直关注着“科技管家”的诞生与发展，我希望未来会有更多的人加入“科技服务模式”的创新实践与理论研究队伍，不断发展壮大科技服务业队伍，为科技服务业发展注入新的活力。

2016 年 8 月

目　录
CONTENTS

第 4 篇　现代科技服务案例与业务规范

第1篇

现代科技服务模式创新与科技管家

第1章 移动互联网时代与科技服务新问题

1.1 移动互联网时代

1.1.1 “天网恢恢”：未来将是移动互联网的天下

全球信息通信业正迎来新一轮的伟大变革，以移动互联网、云计算、大数据为代表的新兴业态不断丰富繁荣，新商业模式不断涌现，尤其是随着移动通信进入4G时代，移动互联网已成为最活跃的创新领域，也是推动经济社会转型发展的重要引擎（张志波，2008）。

从2010年开始，整个世界开始进入移动互联网时代。一般认为，2010—2014年这一段时期是移动互联网的萌芽期；到2015年，移动互联网已经进入了一个全面爆发的时代。

美国网络媒体Business Insider总编辑兼CEO亨利·布洛杰特（Henry Blodget）在其2014年发布的《移动互联网的未来》报告中提到，Android已赢得移动平台战争；移动媒体是目前消费时长唯一保持增长的媒介（见图1-1）；数据表

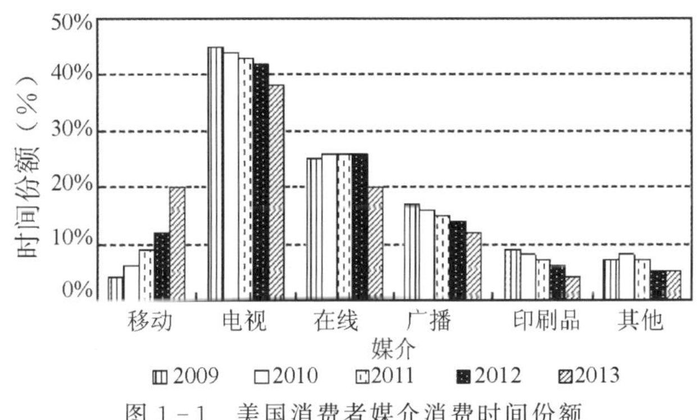

图1-1 美国消费者媒介消费时间份额

数据来源：*The Future of Mobile* by Henry Blodget，2014，Iresearch

明，在众多媒体中，消费者在电视等传统媒体中的消费时间持续下降，相反在移动媒体中的消费时间却强劲增长。以美国为例，移动媒体消费时间占比已经从 2009 年的 4%增长到 2011 年的 12%，2012 年则达到了 20%。移动媒体消费时间占比正呈现加速增长的态势。通信应用、电商应用、移动支付都呈现迅猛发展的势头。

中国和印度等新兴市场将成为智能手机销售量最主要的拉动力量(见图 1-2)。在发达国家中，智能手机普及率已经较高，也就是手机的发达市场已经饱和，近年智能手机销售量增速放缓。现在智能手机的最大机遇在中国和印度。未来几年，智能手机的销量将由新兴市场的新用户推动。

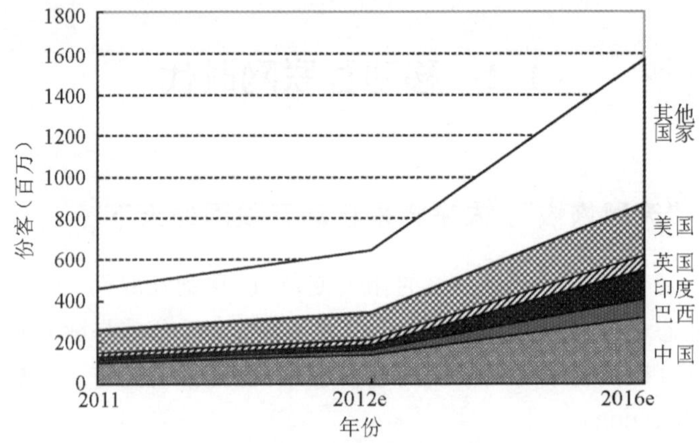

图 1-2　全球智能手机份额

数据来源：*The Future of Mobile* by Henry Blodget，2014，Iresearch

如图 1-3 所示，在过去的 10 年中，20 国集团消费宽带连接数成倍地增长。其中，移动互联网接入数增长迅速。在整个宽带接入数中，移动的比重已经占据绝大部分。可以预见，未来将是移动互联网的天下。

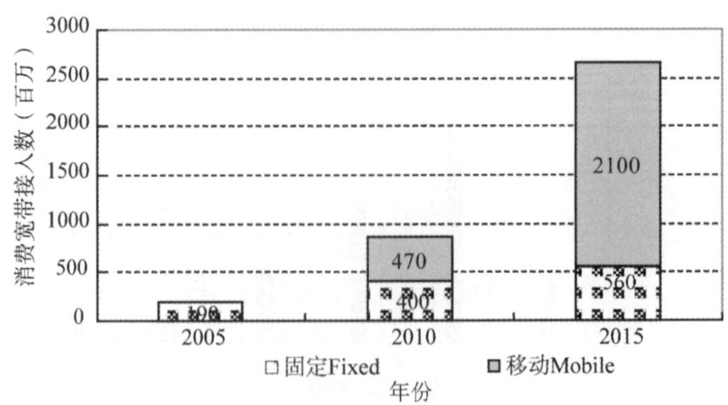

图 1-3　20 国集团(G20)互联网接入数

数据来源：*The Future of Mobile* by Henry Blodget，Iresearch

1.1.2　网中无白丁：哪位佳人，在网中央

移动互联网规模逐年扩大。据中国互联网络信息中心(China Internet Network Information Center，CNNIC)发布的《第 27 次中国互联网络发展状况统计报告》显示，截至 2010 年 12 月底，中国网民总体规模达到 4.57 亿；其中，手机网民则达到 3.03 亿。手机网民在总体网民中的比例，从 2009 年 12 月底的 60.8%提升至 66.3%。随着移动互联网规模的快速发展，越来越多的手机用户将加入到移动互联网中来。中国互联网络信息中心(CNNIC)发布的《第 34 次中国互联网络发展状况统计报告》称截至 2014 年 6 月我国网民规模达 6.32 亿，互联网普及率为 46.9%。中国网民上网设备中，手机使用率达 83.4%，首次超越传统 PC 整体 80.9%的使用率，且移动互联网带动整体互联网发展。根据数据预测，2015 年中国手机网民规模将达 6.7 亿，而且在未来几年中，这一数据还将稳定上升(见图 1-4)。

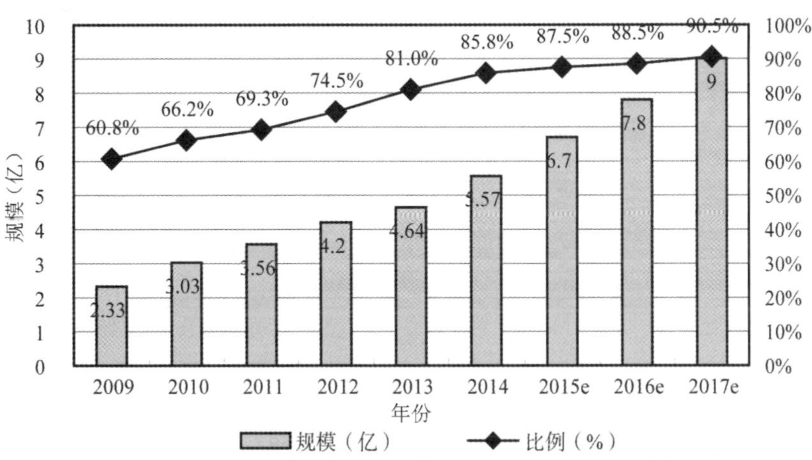

图 1-4　中国手机网民规模及其占总体网民的比例

注：2009—2014 年数据来源于中国互联网络信息中心(CNNIC)，2015—2017 年数据为预测数

手机网民来自哪个区域？手机网民的区域结构变动：中国移动互联网发展的主力是城镇用户。据中国互联网络信息中心(CNNIC)2014 年 8 月发布的《中国移动互联网调查研究报告(2014 年 8 月)》数据显示，截至 2014 年 6 月，在手机网民中，城镇用户占72.4%，乡村用户只占 27.6%(见图 1-5)。城镇用户数为乡村用户数的 2.62 倍。随着城镇化的发展，手机网民将更多地向城镇集中，乡村用户的比重将进一步下降。

手机网民主要来自哪个年龄段？手机网民主要来自年轻人群体。随着移动互联网的发展，手机网民中更高年龄段群体的分布有所增加。数据表明，近六成的手

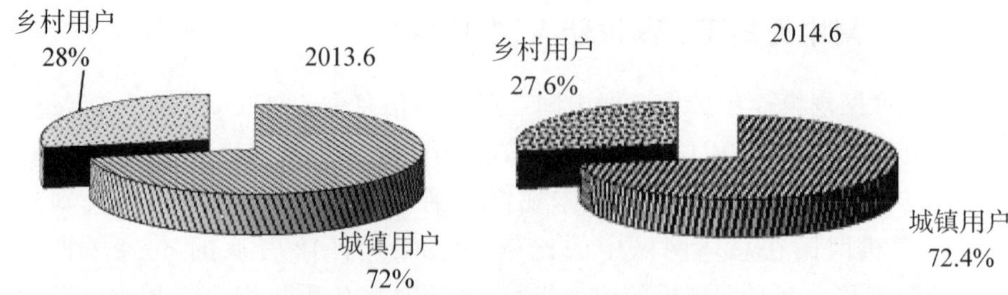

图 1－5　手机网民的城乡结构及其变动

数据来源：中国互联网络信息中心(CNNIC)

机网民来自 30 岁以下的人群，而 40 岁以下的手机网民比例超过 80％。近几年，高龄手机网民人数在增加。2014 年 6 月，60 岁以上的手机网民比例是上一年的 2.8 倍，同比上升了 0.9 个百分点，达到 1.4％(见图 1－6)。

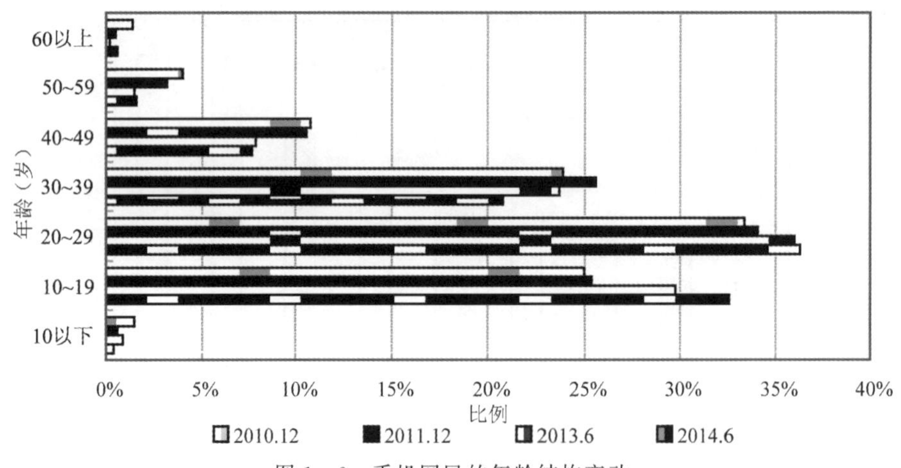

图 1－6　手机网民的年龄结构变动

数据来源：根据中国互联网络信息中心(CNNIC)历年数据整理

手机网民的学历结构：手机网民的学历结构呈现典型的 80∶20 规律。手机网民主要来自高中及以下学历人群，这一群体占比约 80％；大专及以上较高学历人群仅占 20％多一点。初中、高中是手机网民学历结构的最主要构成部分(见图1－7)。

手机网民主要来自哪些收入阶层？中国手机网民的收入结构相对比较均匀，各个收入阶层的网民人数都占据一定比例。特别是没有任何收入的网民，也几乎占有一成的比例。2010 年以来，较高收入阶层的网民比例持续上升，由图 1－8 可以看到，月收入在 3000 元以上收入区间人群的数量都在持续增加。

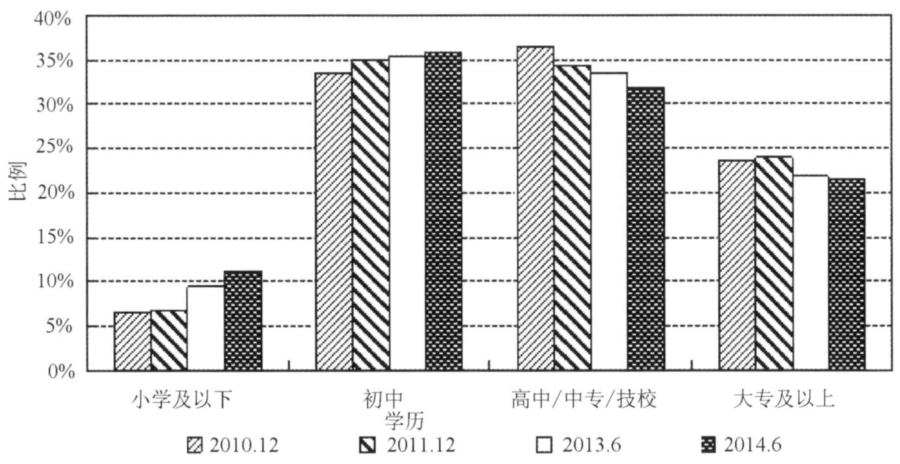

图1-7　手机网民的学历结构及其变动

数据来源：根据中国互联网络信息中心(CNNIC)历年数据整理

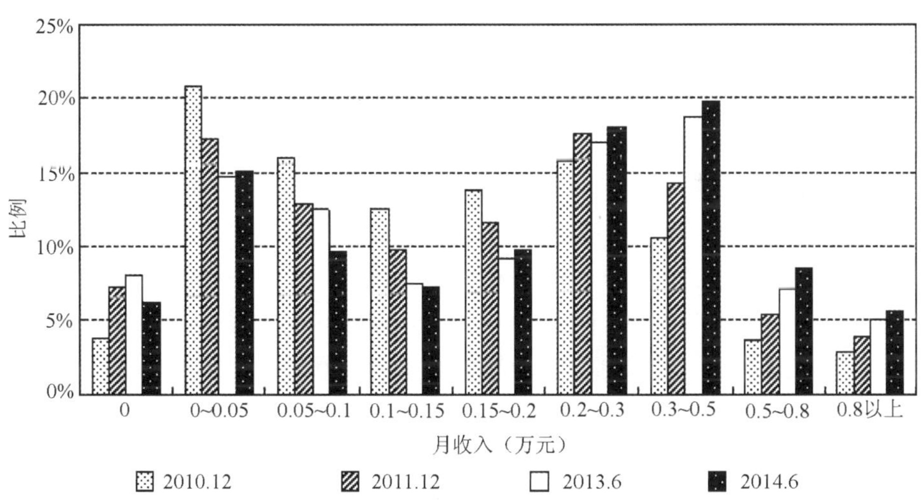

图1-8　手机网民的收入结构变动

注：x 轴的收入区间均为(a,b]形式

数据来源：根据中国互联网络信息中心(CNNIC)历年数据整理

手机网民主要来自哪些行业？在手机网民的职业结构中，学生是占着重要比例的人群。个体户及自由职员者、企业一般职员也都是占比较高的人群。也许是因为学生手机使用饱和度较高，或者是人口老龄化过程中学生人数减少，学生手机网民的比例同比下降明显，而个体户及自由职员者的手机网民比例上升较快(见图1-9)。

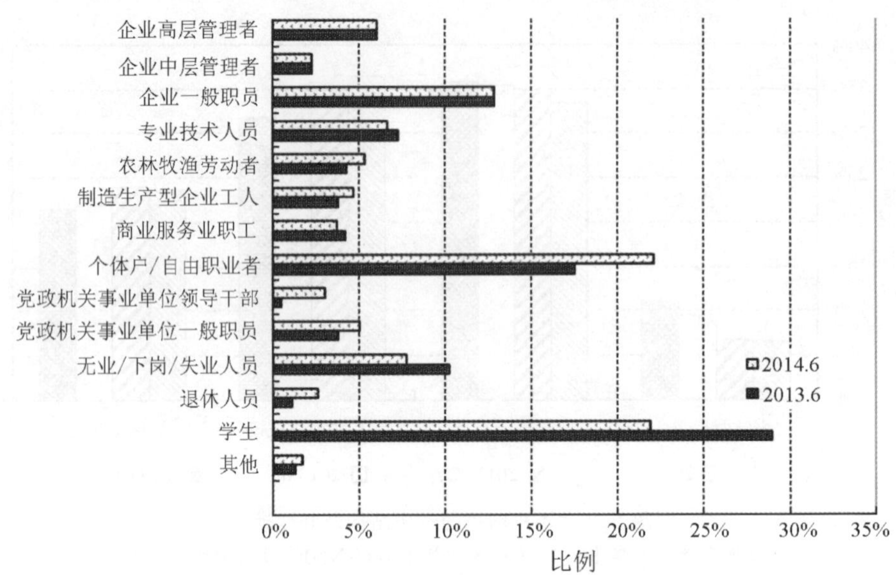

图 1-9　手机网民的职业结构及其变动

数据来源：根据中国互联网络信息中心(CNNIC)历年数据整理

1.1.3　"网"事如流：逝者如斯

2014 年移动互联网有以下几件大事：

1. "好心塞"

(1) 手游市场"好心塞",遭文化部大力度整顿。

随着全国"扫黄打非・净网 2014"专项行动的开展,手游市场、网游市场成为新一轮被整顿的重点对象。据央视新闻报道,文化部于 2014 年 5 月 29 日发布了第 20 批违法违规互联网文化活动黑名单,豌豆荚、91 手机助手等 14 家手机游戏市场和趣游科技等 8 家网游公司均因涉黄被查。此外,移动网游戏方兴未艾,低俗营销、手游运营渠道混乱、相关法律法规和管理相对滞后等多种问题也都有待规范。

(2) 快播"好心塞",快播被查,法人被抓。

新华网记者从全国"扫黄打非"办公室获悉,2014 年 8 月 8 日,深圳快播科技有限公司(简称"快播")网上传播淫秽色情信息案主要犯罪嫌疑人、快播公司法人兼总经理王欣,在逃往境外 110 天后被抓捕归案,经国际司法合作渠道由相关国家移交中国警方。2014 年 4 月,根据群众举报,北京市公安部门对深圳快播公司网上传播淫秽色情信息一案进行了立案调查,并抓捕多名犯罪嫌疑人,但主要犯罪嫌疑人王欣一直外逃。经审讯,王欣对明知快播公司服务器内有大量淫秽色情视频,为了牟利放任不管的犯罪事实供认不讳(隋笑飞,2014)。

(3) 余额宝“好心塞”，央行发文实施规范监管。

央视评论员钮文新发表《取缔余额宝》一文在业界引起轩然大波。他指出，余额宝是趴在银行身上的“吸血鬼”，坐收 2% 的利润。此番评论引发了网友与行业的大讨论。据新华社报道，中国人民银行行长周小川明确表示，余额宝及类似产品不会被取缔。全国政协委员、中国人民银行行长周小川 2014 年 3 月 4 日在接受采访时表示，余额宝等金融产品肯定不会被取缔；过去没有严密的监管政策，未来有些政策会更完善一些。周小川此番言论，是监管层对于余额宝等互联网理财产品的首次定论，也让“宝宝军团”的拥趸们吃下了一颗定心丸。正如业界所料，2014 年 12 月 27 日，央行发文，将部分原属于同业存款项下存款纳入各项存款范围。这意味着，余额宝等各类存放在银行的货币基金也要被计作存款、需要缴纳存款准备金，由此导致收益下行；不过目前这类存款的存款准备金率暂时为 0。据《经济日报》2014 年 11 月 26 日报道，央行副行长潘功胜在当天召开的中国支付清算与互联网金融论坛上表示，央行正在牵头制定促进互联网金融健康发展的指导意见。央行将按照适度监管、分类监管、协同监管、创新监管的原则，建立和完善互联网金融的监管框架，在鼓励互联网金融创新发展的同时规范监管工作。

2. “有钱，任性”

(1) 打车软件，一场“有钱，任性”的移动支付争夺游戏。

2014 年对于打车市场来说，无疑是烧钱火拼的一年。各种红包、各种福利，眼花缭乱，甚至有网友发现打车时出现了不花钱反被司机找零的离奇事件。方便、快捷、优惠的特点，使得越来越多的乘客和出租车师傅选择使用“快的打车”软件。而与之相对的则是“滴滴出行”打车软件。曾经“群魔乱舞”的打车软件市场如今只剩下了“快的打车”与“滴滴出行”。这两款打车软件补贴大战的背后就是腾讯(深圳腾讯计算机系统有限公司，简称“腾讯”)和阿里巴巴(阿里巴巴网络技术有限公司，简称“阿里巴巴”)的较量。在这个火爆的市场上，这两家企业通过补贴价格你来我往斗了数个回合。为了争夺移动支付的市场占有率，两大巨头不惜花重金。这样的竞争对于用户来说简直就是天上掉下的馅饼。不过正当他们激斗正酣的时候，地方政府已经开始了干涉，例如，上海开始在高峰期禁用打车软件。这场内斗突然演变成了生存之战，打车软件之间的这场战争似乎才刚刚真正打响。正如网友评价：打车软件向出租车司机普及了移动互联网，出租车司机又向乘客普及了移动互联网。

(2) 格力与小米“有钱，任性”的十亿元“赌局”。

2014 年，网民持续围观这场十亿元“赌局”。这场“赌局”源自 2013 年年底，在“CCTV 年度经济人物”颁奖典礼上，格力电器(珠海格力电器股份有限公司，简称“格力”)董事长兼总裁董明珠曾与小米公司(北京小米科技有限责任公司，简称“小米”)董事长兼首席执行官(CEO)雷军豪“赌”10 亿元,“赌”小米 5 年之内销售额能不能超过格力电器。伴随着小米与格力主要竞争对手美的的合作,董明珠抛出的“骗子论”将双方的口水战推向高潮。2015 年 3 月,董明珠现身北京奇虎科技有限公司,网民猜测格力终于找到技术合作伙伴。当时,小米 CEO 雷军和格力集团董事长董明珠之间的“10 亿赌局”还历历在目。董明珠曾声称:“我要做手机,分分钟,太容易了,肯定会超小米。”格力拿出了实际行动,2015 年 3 月 18 日董明珠在中山大学演讲时,首次对外展示了格力手机。原本是传统制造业与移动互联网业的“10 亿赌局”,如今成了小米拉上了美的,格力则亮出了手机。看来,5 年不到,“10 亿赌局”该会有怎样一种结局,还真难料。

(3) 阿里巴巴上市,“有钱,任性” 成美国史上规模最大的 IPO 募股。

2014 年 9 月 19 日,现代人类史上最大的融资事件正在美国纽约进行,中国互联网巨鳄阿里巴巴在美国纽交所挂牌上市。阿里巴巴每股发行价 68 美元,成功募集高达 218 亿美元资金,一举成为美国史上规模最大的 IPO 募股。以当日的收盘价计算,阿里巴巴市值已超过 2285 亿美元,超越“脸书”成为仅次于“谷歌”的全球第二大互联网企业。

3. “也是蛮拼的”

(1) 网民“也是蛮拼的”,狂抢微信红包。

微信通过推出抢红包活动杀了阿里巴巴一个措手不及,甚至马云都说“被偷袭了珍珠港”,这同样是两大巨头争夺移动支付市场的表现。不过,在笔者看来,无论是打车软件大战也好,还是微信红包大战也罢,目前支付宝在移动支付领域的地位仍然是不可动摇的。

所以,微信红包的走红只能视为微信为大家打造了一场全民狂欢活动,而活动之后,仍然没有多少人成为微信支付的忠实用户。其实移动支付这事儿还是要靠生态体系和用户量来积累的,支付宝为什么成功?一方面是用户量大,支付方便;另一方面是支付宝功能多,尤其生活服务方面非常便捷。在这种背景下,微信单独靠活动策划很难真正黏住用户,因为其用户量和功能服务都不占优势(王洪艳,2015)。

(2) 陌陌“也是蛮拼的”, 危情中上市。

就在资本市场准备将目光定于陌陌(北京陌陌科技有限公司,简称“陌陌”)在纳斯达克交易所敲钟之时,陌陌 CEO 唐岩的老东家网易(网易网络有限公司,简称“网易”)在背后狠狠地开了一枪。2014 年 12 月 10 日,网易发布了“关于前员工唐岩违背职业道德的声明”。在这份声明中,网易指出唐岩于 2003 年 12 月至 2011 年 9 月在职期间,利用职务之便,获取网易提供的各种信息、技术资源,私创陌陌。此外,唐岩作为网易前总编辑,利用公司对自己的信任,向其妻(张思川)做创始人的四度(北京)广告有限公司输送上百万元经济利益。唐岩在网易工作期间,还因个人作风问题于 2007 年被中国警方拘留 10 日。作为网易高级员工,唐岩未就此事向公司如实通报。最后,网易还指出,将保留对唐岩在网易工作期间全部不当行为追究法律责任的权利。饶有意味的是,网易发布这条声明时已是凌晨 3 点 41 分,还有 43 个小时,陌陌就要在美国上市。庆幸的是,网易的"伏击",最终没能阻挡陌陌在纳斯达克交易所敲钟(张超晔,2015)。

对移动互联网而言,2014 年微博(微梦创科网络科技(中国)有限公司,简称"微博")、陌陌的上市可以说是一大利好。微博的上市其实很多人已经预料到了,毕竟有新浪(新浪网络技术股份有限公司,简称"新浪")的扶持,还有阿里巴巴的注资,微博 IPO 并不算太大的难题(王洪艳,2015)。然而,陌陌上市,不少网友直言看不懂,就连联想联想集团公司创始人柳传志都感叹,"比如陌陌这样找女朋友的公司也会快速发展起来,并且上市,像我这样的人,怎么能想象得到?但人家就做成了"。

4."萌萌哒"

(1)百度"萌萌哒",移动端流量超 PC 端。

2014 年算是 PC 互联网和移动互联网的一个分水岭,为什么?因为百度(北京百度网讯科技有限公司,简称"百度")移动搜索流量超过了 PC 端,而且不可逆转,这对整个业界而言,是一个很重要的标志性事件。这说明至少在搜索业务上,移动互联网已经实现对 PC 互联网的全面超越。

当然,这也是百度移动转型的必然结果,其实,从 2012 年开始,各大公司就开始加速向移动转型,百度也不例外,收购 91 助手、糯米网也属于其移动转型的重要举措。百度董事长李彦宏曾提出,2014 年将是移动决胜年,事实证明,他的判断还是比较准确的。在 BAT① 中,百度移动收入占比最高,达到 30%以上,显著高于腾讯和阿里巴巴,而且增速最快。同时,百度推"直达号"强化 O2O 服务,通过人工智能与大数据技术加速移动业务增长。据悉,截至 2015 年 7 月百度旗下已拥有 14 款用户量过亿的 APP。

为什么百度在移动转型方面会领先于腾讯和阿里巴巴?其根本原因在于,搜索服务朝移动端拓展几乎没什么难度,反观社交、电商,从 PC 端向移动端转型的难度明显要高出许多。

(2)小米"萌萌哒",估值达 450 亿美元。

对小米而言,2014 年也值得一提,完成了新一轮的融资,估值达到 450 亿美

① BAT 是中国互联网公司百度公司(Baidu)、阿里巴巴集团(Alibaba)、腾讯公司(Tencent)三大巨头的首字母缩写。

元。虽然很多人对雷军和小米嗤之以鼻,但小米就是做到了,450 亿美元的估值高不高？高,但结合小米近年来在智能手机领域所取得的成绩,以及在智能家居领域的积极布局,这个估值似乎又很合理。

5. “也是醉了”

(1) P2P 大事件接二连三,网民“也是醉了”。

2014 年,“互联网金融”依然是年度关键词。年初央行叫停二维码支付、虚拟信用卡,年中多家券商获批互联网证券业务试点资格,年末 Lending Club 上市、陆金所估值百亿美元。2014 年,又被称为“互联网金融的监管年”。针对 P2P、股权众筹的监管方案和监管原则,一再被讨论。2014 年年底,《私募股权众筹融资管理办法(试行)(征求意见稿)》最终出炉,P2P 行业则传以备案制方式进行监管(汤浔芳,王丽娟,2015)。

以传统金融与互联网相结合的创新模式——P2P 网贷业的新模式层出不穷,例如,P2L 模式,即个人投资对接融资租赁项目;P2F 模式,即个人对金融机构的一种融资模式。P2P＋P2B 模式,个人与企业中筛选优质借款方的一种融资模式,P2B 平台只针对中小微企业提供投融资服务。此外,平台跑路问题频频发生。据中申网数据监测显示,截至 2014 年 12 月,全国共有 1540 家网贷平台(实际运营),发生倒闭、跑路、提现困难等问题的平台共 261 家。甚至,P2P 刚性兑付的承诺神话破灭,平台不再兜底。

2015 年春,“互联网＋金融”快速扩散和传播,成为社会关注的热点。中国银监会专门新成立普惠金融部,首次将互联网金融纳入普惠金融渠道;此前,央行也首批“开闸”批准芝麻信用、腾讯征信等 8 家机构开展个人征信业务准备工作。P2P 监管细则也将落地。2015 年,作为互联网金融重要组成部分的 P2P 行业,或将面临行业大变局,也终将迎来行业的春天。

1.2 科技公共服务面临新问题

目前,科技服务业普遍面临这样的问题:科技服务组织坐等服务需求上门,而对社会经济活动中发生的实际问题的反应迟滞;服务常规内容和能力等供给面与服务需求面的专业事务高端需求存在结构错位;难以整合解决问题所必需的金融投资等资源,而最终问题依然得不到预期的解决;缺乏高端专业人才资源,因而科技服务层次、水平普遍不高。一波未平一波又起,在移动互联网时代,科技服务面临的问题变得愈加复杂。

1.2.1　“专注”：科技服务业务定位问题

科技服务市场中的市场主体，应该有清晰的自身定位。清晰的定位应该解决“3W”问题，即解决以下三大核心问题：科技服务“为谁(Who)服务？”“服务什么(What)？”“如何(How)服务？”。

从科技服务市场中的供给方面来看，多年以来，科技服务基本是在技术转移、知识产权和科技咨询等领域开展工作，而从事科技金融、信息服务、科技创业孵化，特别是综合科技服务的机构比较少。从科技服务市场中的需求方面来看，移动互联网的“快速变化”与“跨界整合”，使得科技服务细分市场需求的锁定更加困难，“为谁服务”的问题更加突出。

科技服务定位，在供给方面要从技术转移、知识产权和科技咨询等领域，转向科技金融、信息服务、科技创业孵化等综合科技服务；在需求方面，要为科技创新、产业转型升级和绿色环保与社会进步提供战略性的服务。

移动互联网下的这种定位，只有那些“专注者”才能做到，因为只有“专注者”，才能深刻洞察那些变化，也只有“专注者”，才能走在市场的前方，提供战略性的服务。

1.2.2　“极致”：高端专业人才集聚问题

在移动互联网中，特别是自媒体时代，用户对(产品)服务质量与服务水平的挑剔达到极致。很明显，科技服务企业没有集聚足够的高端专业人才，就不可能有极致的服务质量与服务水平。在高度“碎片化”的移动互联网时代，需要一批具有创新能力与高度自由的高端专业人才。现有高端专业人才往往受制于其栖身之地——各科研院所、高等学府的业绩、职称考评政策与人事编制政策，人才自由流动及其专业成果的应用转化、研究推广等方面都与当前科技服务市场的需求不相适应。

1.2.3　“口碑”“只有第一没有第二”：科技服务品牌建设问题

科技服务品牌涵盖了科技服务产品(服务行为)、科技服务商标、科技服务企业等方面。

随着互联网的发展，特别是近年来移动互联网的迅速发展，科技服务品牌建设的必要性与可能性问题凸显。在科技服务市场中，移动互联网“只见第一，不见第二”的规律对科技服务品牌建设提出了新的要求。“门户竞争的时候，很流行一句话，互联网只有第一没有第二，赢家通吃。三大门户拼得你死我活，只有拼出赢家来才算胜利，别人都没机会了。”移动互联网中的“只见第一，不见第二”，具体来说是指市场中需求者一般只能见到那些市场份额排名第一的企业，而难寻第二及更低级别的企业的信息。因为那些市场“老大”通常占据 80%甚至 90%以上的市场份额，而其余千百万家企业的市场份额加起来也就 10%，甚至更低。

在传统行业的品牌建设中，各具特色的企业可以百花齐放，不同的企业可以在不同的细分市场做各自的第一，然而，在互联网企业中不一样，要么做到第一，要么就默默无闻。

工业品牌通常以产品或企业等实体为载体，这种品牌体现为能够满足人们某种需要的物质属性，消费者看得见摸得着。由于科技服务的无形性、不可分性，科技服务品牌一般通过服务行为凝聚在品牌承载体，即科技服务企业之中。在科技服务市场中，服务供给方的服务质量是通过服务行为过程的质量来体现的，其内涵实质上就是为顾客提供令人满意的服务过程。只有服务行为的过程才可能具有标准设定，也才具备服务品牌的构件，而且，也只有服务行为的过程在标准设定的前提下才具有传播力。

1.2.4　科技服务业务规范性问题

由于科技服务产品的无形化，业务标准与行业规范等规则制度建设，既显得重要与迫切，在实践中又面临重重困难。由于行业规则制度的问题，科技服务客户基本靠经验、广告，甚至随机地选择服务商。然而，科技服务客户面临的科技服务商良莠不齐。由于科技服务商的服务能力问题或服务运行过程的偏差等确定与不确定因素导致的错误，往往会给科技产品甚至科技企业带来致命的失败。

在运行平台参数化与运行内容形式化的移动互联网世界，科技服务的准则参数设置和服务内容格式化、标准化是未来发展的趋势。这就要求科技服务市场中的各种主体，在包括项目管理规范、用户体验反馈、专家团队配置规模、科技服务商服务案例、各方协同体验等方面，达成一致认识，并将这些要求的指标与量值固化。由此，形成一套科技服务行业标准与业务规范。

1.2.5　“快”：科技服务平台智能化问题

2010 年以来，短短几年的萌芽期，移动互联网就以相当快的速度发展。2015 年以后，移动互联网将以更加惊人的速度爆炸式发展。这种发展变化，体现在消费面与供给面，即消费者群体迅速膨胀，消费者的数量与结构都将迎来巨大的变动，生产服务商则快速地更新与集中。大数据技术、云计算等先进技术与工具的应用、科技服务平台智能化程度将得到很大的提升。物联网、新社交媒体、4G 网络，这些技术条件，使得科技服务市场各类主体的沟通更为便捷与顺畅，O2O 模式将向更高版本发展。以智能手机为主的智能移动终端会进一步普及，移动互联网思维不再是一种虚拟的概念，将会转化为实实在在的生产力！

目前，科技服务市场还处在初级发展阶段，高端科技服务人才和其他更多的科技服务市场要素缺乏，科技服务管理技术还与现实发展要求不适应，在此条件下，科技服务平台智能化的问题，需要用移动互联网思维，通过创新发展来实现突破。

1.3　移动互联网创新科技服务模式

2015年3月5日上午，十二届全国人大三次会议上，李克强总理在政府工作报告中提出“互联网＋”行动计划。李克强提出的“互联网＋”实际上是创新2.0下的互联网发展新形态、新业态，是知识社会创新2.0推动下的互联网形态演进。“互联网＋”代表一种新的经济形态，即充分发挥互联网在生产要素配置中的优化和集成作用，将互联网的创新成果深度融合于经济社会各领域之中，提升实体经济的创新力和生产力，形成更广泛的以互联网为基础设施和实现工具的经济发展新形态。“互联网＋”行动计划将重点促进以云计算、物联网、大数据为代表的新一代信息技术与现代制造业、生产性服务业等的融合创新，发展壮大新兴业态，打造新的产业增长点，为大众创业、万众创新提供环境，为产业智能化提供支撑，增强新的经济发展动力，促进国民经济提质增效升级。

1.3.1　一种基于云计算的集成服务模式

近年，大数据挖掘技术发展迅速。随着大数据应用发展，一种创新的服务模式，云服务(cloud service)也应运而生。要理解云服务，就要先理解云计算(cloud computing)原理。根据美国国家标准与技术研究院(National Institute of Standards and Technology，NIST)的定义，“云计算是一种普遍存在、方便快捷、按需服务的网络模式，它以计算机信息池优化资源配置，在网络、服务器、储存、服务等方面资源共享，以极少的管理工作提供服务，以最小的代价与供应商互动”。

事实上，关于云服务的定义，目前还没有统一的说法。孙坦和黄国彬(2009)认为云服务主要是指基于云计算的各项服务。“可以是伴随云计算的出现才得以产生的服务，也可以是在云计算出现之前就已经存在但因为云计算的推动而得以更进一步发展的服务。”杨霞和许文婕(2012)则进一步阐述了云服务的实现模式，提出“云服务就是利用云计算及其存储海量信息的能力，整合最丰富的信息资源，以极低的成本投入获取极高运算能力，实现信息资源的共建共享，为用户提供优质全面服务的一种服务模式”。孙冬雪(2013)提出云服务是一种先进的智能服务的概念，认为“云服务足够智能，能够根据用户的位置、时间、偏好等信息，实时地对用户需求做出预期”。

蔡英辉(2013)概括的云服务定义，包含了大数据、云计算等内涵，认为云服务是指将不同位置、不同距离的计算机资源连接，通过网络中枢收集信息、意见反馈，并结合实体服务系统对资源统一配置，为顾客团体和个人提供个性化的定制服务。

1.3.2 一种基于物联网的全链条服务模式

常规科技服务或以某个特定项目为依托，或在企业发展面临困难的某一特定阶段为期限，向企业提供科技咨询服务，这种科技服务的特点是断点的和离散式的。科技管家咨询服务从某一特定项目的业务入手，在此基础上全面铺开，并伴随企业整个成长过程，形成全程跟踪的、连续不断的、环环相扣的链式服务。

1.3.3 一种基于智能平台的前置式服务模式

科技管家咨询服务变常规的“坐商”为“行商”。常规的科技咨询服务，通常是先由客户提出科技服务需求，服务商根据这一需求，提供相应服务。我们把这一服务模式称为后向式服务。科技管家咨询服务利用大数据信息资源，或根据与企业长期合作的基础信息，或根据相关企业类似案例信息，或根据相关科技政策变动信息，主动向服务客户适时提出有关建议。这样，由被动服务转变为主动服务，由解决当前问题的救火式服务转变为更注重企业长远发展的战略咨询式服务。

第2章　委托—代理理论和现代管家理论：科技管理的理论基础

随着经济社会的发展，经营管理信息量越来越大，而且复杂繁重的目标和任务日益增多，完成目标和任务的时间跨度更长，难度更高，一些组织的所有者由于知识、能力和精力的原因不能很好地行使相应的权利；另一方面，社会专业化与分工进一步发展，于是出现一大批具有专业知识的职业人，他们有精力、有能力接替所有者行使好这些权利，于是出现了委托—代理。

委托—代理理论(Principal-agent Theory)从20世纪60年代末70年代初开始发展，伯利和米恩斯(2005)在《现代公司与私有财产》中提出了所有权和控制权分离的命题，突破了传统的企业利润最大化的假说，开创了从激励角度研究企业的先河。伯利与米恩斯因为洞悉企业所有者兼具经营者的做法存在着极大的弊端，于是提出委托—代理理论，其主要研究在非对称信息条件下，委托人怎样约束和激励代理人。委托—代理理论的核心是解决在非对称性信息与委托—代理双方利益相冲突的情况下，委托人对代理人的约束与激励问题，一般简称为代理问题。经过40余年的发展，委托—代理理论已由传统的双边委托代理理论发展出多代理人理论、共同代理理论和多任务代理理论，不过这些委托—代理理论都是遵循着同一研究范式、假说前提和基本分析框架。

由于委托—代理关系在经济社会中普遍存在，因此委托—代理理论被用于解决各种问题。这为科技服务问题的解决，提供了很好的理论支撑与实践参考。

2.1　委托—代理理论

2.1.1　委托—代理理论的基本假设

1. 理性“经济人”

代理理论的人性假设出自经济学的理性人理论。一般认为，亚当·斯密在《国富论》中首次完整地表露出了经济人的思想，约翰・穆勒则是依据亚当・斯密对经济人的描述和西尼尔提出的个人经济利益最大化公理，明确地提炼出了经济人假设。

学界一般认为，理性经济人的假设包含以下几个方面：①自利主义，即参与者行为的动机是追求自身利益的最大化。②理性决策，即参与者会根据市场情况结合自身条件做出理性的决策。③自身利益与社会利益通过完全市场实现统一。

委托人与代理人是市场中的两个独立主体，双方都在一定约束条件下谋求自身效用的最大化。

在当前科技服务行业中，各方主体谋求各自效用最大化。科技研发主体，由于职称评定、薪资报酬、名声等因素，可能更偏向于注重科技界的“空白”“首创”“理论先进”等问题；科技转化代理主体可能主要关注科技转化数量、应用户数、科技总产出等问题；科技应用主体可能更关注科技盈利效率（资本投资回报率），因此科技市场价值，即盈利性、稳定性、可持续性等问题是其更为关注的问题。

这就需要有一种机制整合与协调各方效用，以便使各参与者的行动协调。

2. “非对称信息”

委托—代理理论是建立在非对称信息博弈论基础上的。非对称信息（asymmetric information）指的是在委托—代理中某一参与人拥有另一参与人并不拥有的信息。这种非对称性，包含两方面的情境：一是信息对不同参与人在时间轴上的不均匀分布，可以理解为不同参与人掌握同一信息具有时间差别；二是信息对不同参与人在内容上的不均匀分布，也就是说不同参与人掌握不同的信息，或对同一问题信息了解的程度不同。

从时间分布的角度来看，以委托—代理双方签约为参照，签约之前发生的信息不对称，称为事前非对称；签约之后发生的信息不对称，称为事后非对称。研究事前非对称信息博弈的模型称为逆向选择模型（adverse selection），研究事后非对称信息的模型称为道德风险模型（moral hazard）。

从信息内容分布的角度来看，非对称信息可以指在不同时间上某些参与人的行为不同，研究此类问题的模型，被称为隐藏行为模型；非对称信息也可能是指某些参与人对信息发布与传递采取了某种措施，导致各方参与人掌握不同的信息或信息掌握的程度不同，研究此类问题的模型，被称为隐藏信息模型。

委托人与代理人都面临市场的不确定性与风险，而且两者掌握的信息存在非对称性。

科技研发通常需要大量投入，而且存在明显的不确定性与高风险。研发主体对某项实用技术的应用条件、稳定性、负效应，甚至“负外部性”（在经济学理论中，负外部性是指，行为人实施的行为对他人或公共的环境利益有减损的效应）等方面信息占有优势。科技市场中的应用主体，对某项技术的当期回报，甚至其潜在的市场价值（预期回报）等方面信息占有优势。因此，委托—代理各方面临非对称信息带来的选择与风险问题。

3．“逆向选择与道德风险”

非对称信息与机会主义行为在市场交易中会导致决策的“逆向选择”。在经济学中“逆向选择”有很丰富的含义，在此我们取其中一个定义，即指市场交易双方由于非对称信息和产品价格下降产生的劣质品驱逐优质品，进而出现市场交易产品的平均质量下降的一种现象。在市场交易中，如果参与的一方能够利用多于另一方的信息，或者利用己方已经掌握但另一方还没有掌握的信息，使己方受益而对方受损时，信息劣势的一方便难以顺利地做出买卖决策，因此产品价格就会随之扭曲，并且失去了平衡供给与需求、促成交易达成的功能，最后导致市场效率的降低甚至无效。

科技服务市场中“逆向选择”的典型案例是“山寨”现象。由于非对称信息，生产制造商对创新的、前沿的科技技术的成熟度与技术风险，无法正确评估，于是倾向于采用成熟的已经有实践经验的科学技术，最终选择走上一条模仿或说“山寨”之路。

在市场契约行为中，当签约一方不完全承担风险后果时，其所采取的使自身效用最大化的自私行为，被称为“道德风险”。“道德风险”，通常是由非对称信息问题引起的。市场交易活动的参与人在最大限度地增进自身效用的时候，做出不利于他人的行动，而这一行动之所以能得以施行，是因为另一方参与人由于非对称信息而无法观察到此行动。

在科技咨询业务中，科学技术应用的需求方在向科学技术的供给方进行经营管理与生产制造等问题咨询时，对技术方案供给方会否泄露咨询问题所涉及的商业秘密很难正确评价与管控。科学技术应用的需求方在提供经营管理与生产制造问题等时，也就一定程度地向外公开其商业秘密，由此会承担某种程度的竞争损失风险。

2.1.2　科技服务委托—代理的基本模型

1. 委托—代理模型基本类别

(1) 委托—代理模型方法

近几十年来，委托代理理论的模型方法发展，可以说是日新月异、层出不穷。这里总结一下主流的三种方法：

1）状态空间模型化方法（state-space formulation）

这是由威尔逊（Wilson，1969）、斯彭斯和泽克豪泽（Spence and Zeckhauser，1971）与罗斯（Ross，1973）最初使用的。状态空间模型化方法主要的优点是这种方法将每种技术关系都很自然地表现出来。但是，这一方法无法得到经济上有信息的解

(informative solution)。

2) 分布函数的参数化方法(parameterized distribution formulation)

这是由莫里斯(Mirrlees,1974)最早使用,霍姆斯特姆(Holmstrom,1979)随后将其发展完善的。这种方法目前已经成为被采用最多的标准化方法。

3) 一般分布方法(general distribution formulation)

这种方法相当抽象,尽管这种方法对代理人的行动及交易中发生的成本没有比较清晰的解释,但是,可以使研究与应用者得到非常简练的一般化模型。

(2) 委托—代理模型的基本类别

委托—代理模型的基本类别[①]如表 2-1 所示。

表 2-1 委托—代理模型基本类别

	事前 (ex ante)	事后 (ex post)
隐藏信息 (hidden information)	逆向选择模型 信号传递模型 信息甄别模型	隐藏信息的道德风险模型
隐藏行动 (hidden action)		隐藏行动的道德风险模型

资料来源:张维迎:《博弈论与信息经济学》,上海人民出版社 1997 年版,第 399 页。

1) 逆向选择模型(adverse selection)

这种模型指在委托人(可以是科技创新服务中的科技需求方,即创新科技的应用者)与代理人(可以是科技创新服务中的科技供给方,即科技创新人员)在签约之前,“自然选择”代理人的类型。在此模型中,代理人明白自己的类型,而委托人对此并不清楚,因此存在非对称信息。代理人的某些信息可能对委托人不利。代理人可能会利用这些对自己有利而对委托人不利的信息进行签约谈判。在非对称信息条件下,委托人由于处于信息劣势而在签约中做出不利于自己的选择。

2) 信号传递模型(signaling model)

在此模型中,代理人明白自己的类型,而委托人对此并不清楚,因此存在非对称信息。在非对称信息条件下,委托人“自然选择”代理人的一种类型。为了显示

---

① 委托—代理模型的基本类别主要采用 Rasmusen(1994),*Game and Information: An Introduction to Game Theory*,第 7 章第 1 节与张维迎(1997)《博弈论与信息经济学》第 5 章第 1 节的内容。

自己的类型，代理人选择某种信号，并将这种信号传递给委托人，委托人在观测到信号之后与代理人签订合约。

3）信息甄别模型（screening model）

在此模型中，代理人明白自己的类型，而委托人对此并不清楚，因此存在非对称信息。在非对称信息条件下，委托人"自然选择"代理人的一种类型。委托人提供多个合同供代理人选择，代理人根据自己的类型选择一个最适合自己的合同，并依据合同选择行动。

4）隐藏信息的道德风险模型（moral hazard with hidden information）

签约后，某种"自然状态（the state of the world）"出现，或者是代理人类型展现，代理人观测到"自然状态"或依据自身类型，选择行动，并向委托人报告在此"自然状态"下的选择（往往是无奈的、不可抗逆下的次优选择）。委托人可以观测到代理人选择的行动，但无法观测到代理人类型与"自然状态"，因而存在非对称信息（或非完全信息）。委托人的问题是如何设计一个可行的激励合同以鼓励代理人在特写"自然状态"下选择对委托人最有利的行动。

5）隐藏行动的道德风险模型

签约后，代理人选择努力工作或者偷懒应付的行动，某种"自然状态（the state of the world）"出现，代理人的待定行动与某种"自然状态"共同决定了可观测的结果，委托人只能观察到这种结果，而无法直接观察到代理人选择的行动过程与"自然状态"，因此存在非对称信息（或非完全信息）。委托人的问题是如何设计一个可行的激励合同以鼓励代理人从其自身利益出发选择对委托人最有利的行动。

委托—代理的不同模型的应用如表2-2所示。

表2-2　委托—代理不同模型的应用

委托—代理模型	委托人	代理人	行动、信号或类型
逆向选择模型	买者 雇主 债权人 保险公司	卖者 雇员 债务人 投保人	产品质量 工作技能 项目风险 健康状况
信号传递模型与信息甄别模型	买者 雇主 垄断者 投资者 保险公司	卖者 雇员 消费者 经理 投保人	产品质量/质量保证期 工作技能/教育水平 需求强度/价格歧视 盈利率/负债率/内部股票持有比例 健康状况/赔偿办法

续 表

委托—代理模型	委托人	代理人	行动、信号或类型
隐藏行动的道德风险模型	保险公司	投保人	防盗措施
	保险公司	投保人	饮酒/吸烟
	地主	佃农	耕作努力
	股东	经理	工作努力
	经理	员工	工作努力
	员工	经理	经营决策
	债权人	债务人	项目风险
	住户	房东	房屋修缮
	房东	住户	房屋维护
	选民	文员/代表	是否真正代表选民利益
	公民	政府官员	廉洁奉公/贪污腐败
	原先/被告	代理律师	是否努力办案
	社会	罪犯	偷盗的次数
隐藏信息的道德风险模型	股东	经理	市场需求/投资决策
	债权人	债务人	项目风险/投资决策
	企业经理	销售人员	市场需求/销售策略
	雇主	雇员	任务难易/工作努力
	原告/被告	代理律师	赢的概率/办案努力

资料来源：张维迎：《博弈论与信息经济学》，上海人民出版社 1997 年版，第 491 页。

2.1.3 委托—代理基本分析框架

根据科技服务实践，并借鉴国内外学者的相关研究，本书在此总结科技服务的委托—代理基本分析框架。

1. 期望收益

科技创新的贡献体现在生产活动中的产出，而这种产出收益的所有权归委托人，但其产出收益的获取必须对代理人支付报酬。即

$$R_d = y - w \tag{2.1}$$

式中：R_d—— 委托人的收益；

y—— 科技创新产出贡献；

w—— 代理人的报酬(工资)。

这里，假定委托人与代理人都是风险中性者。委托人也就是科技创新服务中的科技需求方，即创新科技的应用者。要使其期望效用最大化，可以通过其期望收益实现：

$$E(R_d) = E(y) - E(w) \tag{2.2}$$

式中：$E(R_d)$—— 委托人(科技服务需求方)的期望收益；

$E(y)$—— 预期产出；

$E(w)$—— 预期报酬(对科技服务提供者的工资)。

代理人也就是科技创新服务中的科技供给方，即科技创新人员。要使其期望效用最大化，也可以通过其期望收益实现：

$$E(R_s) = E(w) - C(a) \tag{2.3}$$

式中：$E(R_s)$—— 代理人(科技服务供给方)的期望收益；

$E(w)$ —— 预期报酬(工资)；

$C(a)$ —— 行动成本(努力的代价)。

随着科技创新人员努力程度的增加，会相应地增加其行动的成本。其报酬(工资)则取决于科技创新对产出的贡献，而这具有不确定性。因此，在公式 2.3 中，行动成本 $C(a)$不取期望值，而报酬 w 取期望值$E(w)$。

2. 生产技术—科技创新的贡献函数

科技创新的产出贡献，也就是代理方的产出贡献，即科技创新人员或科技服务中某项科学技术拥有方或供给方对产出的贡献，记作 y，并以货币金额来计量。

$$y = a + \varepsilon \tag{2.4}$$

式中：y—— 科技创新的产出贡献；

a—— 代理人的行动(努力程度)；

ε—— 外生随机变量(自然状态)。

代理人的行动 a，在这里定义为科技创新人员的工作努力程度。外生随机变量 ε 是在科技服务过程中，不为代理人和委托人控制的某种“自然状态”，可以理解为科技创新中的风险。假设外生随机变量 ε 符合正态分布 $N(0,\sigma^2)$，且 $E(\varepsilon)=0$。代理人的努力与“自然状态”共同影响科技创新对产出的贡献。

3. 委托—代理的基本流程

委托—代理的基本流程如图 2-1 所示。

委托人与代理人签订合约，表明委托人的预期收益，规定代理人的行动方向，约定代理人实现委托人预期收益时的报酬 w。

代理人根据合约选择某种行动 a，这种行动选择委托人并不能观察到。

代理人在行动过程中，其无法控制的某种“自然状态”ε 出现。

特定“自然状态”ε 与代理人既定行动选择 a，决定科技创新对产出的贡献 y。

这种产出贡献为委托人所观察到。委托人据此产出的贡献，按合约规定向代理人给付报酬 w。

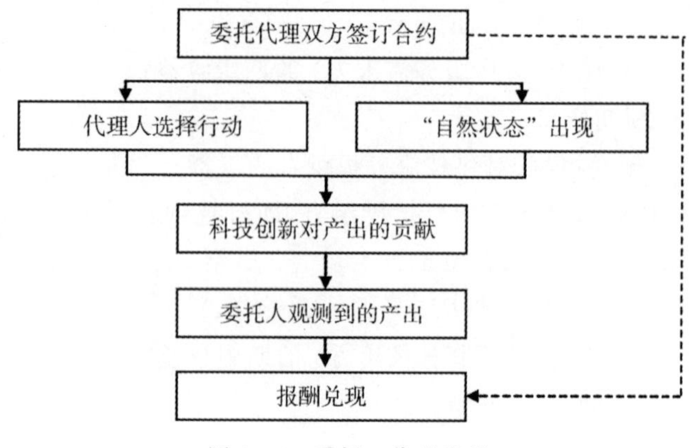

图 2-1 委托—代理流程

2.1.4 科技服务中的代理激励机制

1. 三条可能的路径

科技服务中，代理人的最优行动选择存在 3 条可能路径：

1) 在满足委托人可接受的最低收益前提下，选择某种行动，以追求代理人自身收益最大化；

2) 在满足代理人自身可接受的最低收益前提下，选择某种行动，以追求委托人收益最大化；

3) 选择某种行动，以追求委托人和代理人收益总和(即总收益)最大化。

2. 代理人最优行动定理

代理人最优行动定理：假定外生随机变量 ε 符合正态分布，委托人与代理人都是风险中性者，在 3 条可能的路径选择中，存在相同的代理人最优行动，而其必要条件是，最优行动的边际成本等于 1。

也就是说，在风险中性假设条件下，无论满足委托人可接受的最低收益的代理人追求自身收益最大化，或满足自身可接受的最低收益的代理人追求委托人收益最大化，还是追求委托人与代理人收益之和(总收益)最大化，其结果均一样，即委托人与代理人的不同利益分配激励方案不会影响代理人的最优行动选择。

3. 激励合同选择

在非对称信息条件下，委托人不能观察到代理人的行动选择 a，并且无法控制外生的随机变量“自然状态”ε，只能观测到最终的产出 y。这时，“强制合同”(forcing contract)失效。委托人无法通过合同规范代理人的行动选择，换句话说，无论代理人选择最大化自身收益，还是最大化委托人的收益，或者最大化委托人与代理人收益总和，委托人都不可能通过合同迫使代理人选择而确保目标达成。另一方面，不同激励合同的选择，在代理人最优行动定理下，也不会影响代理人的最优行动选择。

4. 线性契约选择

以上讨论是在风险中性假定下，只考虑了委托人或代理人之间固定其中一方的收益或双方收益总量的情形。事实上，代理人会有不同的风险偏好，代理人的报酬通常也会是产出的函数 $w=f(y)$。例如，在线性契约下，代理人的报酬 $w=w_0+by$，其中 $y=a+\varepsilon$。这时，代理人选择最优行动而追求的最大化期望收益，是由产出激励及行动成本共同决定的。

当代理人为风险规避者时，激励程度应该根据代理人规避风险的程度而下降。这就表明，在激励机制中，应该安排代理人承担风险的责任。

当代理人为风险中性者时，委托人与代理人的目标是一致性的，可以具有完全激励措施。这时，代理人为自身利益进行某种行动选择时，也就是为了委托人的利益行事。这是最佳的委托—代理状态。在科技服务中，通过大型科技交易平台、互联网众筹模式、长期契约、引进风险投资等方式，改善科技服务中的委托—代理条件，促成科技创新人员的风险中性者队伍生成。

当代理人不想承担任何风险时，委托人对代理人的激励也应该取消。这时，委托人只能通过“强制合同”(forcing contract)规范代理人的行动选择，而其有效性与信息完全与否有关。对于一些需要投资量、风险高的研发项目，科技创新研发机构与科技人员(代理人)很难承担这种风险，更适合于科技需求方或风险投资人(委托人)自办研发机构，自主经营，此时不需要安排科技成果应用转化收益激励。

2.2　现代管家理论

目前对科技管家治理结构的研究，基本使用经典的代理理论分析方法，偶见使用“双边市场理论”进行分析的。在现阶段，我国科技服务业还处在培育发展阶段，市场化程度还不高，以“双边定价”为主要特征的双边市场理论，很难解释科技服务的现实问题。

在科技管家系统平台中，不具备单一市场主体的组织条件。现实中，科技管家行为多表现为复杂的组织联合体，甚至是一种复杂的联盟。因此，流行的分析已经超出了代理理论的适用边界。况且，代理理论在分析组织治理结构时，本身就存在限制条件。

“代理理论(agency theory)是目前主流公司治理研究的理论基础，然而，代理理论在解决公司治理问题实践中暴露出种种缺陷，并没有达到理想的效果。20世纪90年代以来，现代管家理论(stewardship theory)得到迅速发展，它从代理理论的对立角度揭示了经理人和委托人之间存在的另一种关系，为解决公司治理问题提供了新的思路，在一定程度上弥补了代理理论的不足。"(张志波,2008)

科技管家的现代管家理论适用性从假设条件、治理结构、治理机制和实践验证几个方面展开。

2.2.1 现代管家理论概述

现代管家理论认为代理理论对代理人利用委托人对"自然状态"不完全信息对称而选择不努力工作的假定是不完全符合现实的。代理人并非一成不变地处在"马斯洛需要层次"的低层，不能忽视代理人处在高阶的需要层次的情境，如代理人具有对自身尊严、信仰以及内在工作满足的追求等，这会使他们努力工作，正如同某种合格的"管家"那样。因而现代管家理论认为，在经营者的自律基础上，经营者与股东以及其他利益相关者之间的利益是一致的。

由此出发，现代管家理论从以下四个方面展开研究：

一是从管家理论与代理理论的相互关系方面展开研究。这种理论比另一种理论更有效，还是二者都只是适用于解释某一些现象。

二是从人性的假设方面展开研究。主要研究代理人(经理人)在自利的理性人(因而其行动具有机会主义、个人主义、非合作的排他性与自利性等特征)与具有某种合作者性质的"管家"(因而其行动具有信誉感、成就感的集体主义、组织至上、值得信任的合作者特征)之间的不同动机行为与结果。

三是从治理结构设计方面展开研究。究竟是建立独立的董事会、增加外部或独立董事，以加强对经理人的监督和控制；还是将董事会主席与CEO二职合一、增加内部或关联董事，以利于经理人在相互信任的环境中充分发挥其管家才能。

四是从治理机制设计方面展开研究。究竟是建立控制与物质激励为主的长期薪酬计划，还是建立非物质的激励计划。

2.2.2 从代理理论的"经济人"到管家理论的"联盟人"假设

1. 从"经济人"到"复杂人"的理论假设

经济管理理论阐释的起点在人性的假设。代理理论的人性假设出自经济学的理性人理论。从发展历程来看，学界经历了亚当·斯密(Adam Smith)的"经济人"，到"社会人""自我实现人"和"复杂人"的演变。

美国工业心理学家麦格雷戈(McGregor)在他的《企业中的人性方面》(1960)一书中，将"经济人"假设的管理理论称为X理论，并在此基础上提出以"社会人"假设的 Y 理论，认为人具有某种程度的利他主义。马斯洛的需要层次理论提到了“自我实现人”的命题，权变理论则提出“复杂人”的假设。

2. 现代管家理论的“选择论”人性假设

管家理论则从组织心理学和组织社会学出发，认为经理人受成就需要的激励，经理人通过完成挑战性工作、承担责任、树立权威、取得领导和同事的认可来获得内在的满足感，这是一种非物质性激励。Davis、Schoorman 和 Donaldson(1997)试图将代理理论和管家理论的人性假设模型整合在一起，认为在现代管家理论模型中，具有不同心理因素的经理人处于不同特征的组织情景中，会做出不同的选择，从而将传统管家理论的“决定论”人性假设，发展为现代管家理论的“选择论”人性假设。

3. 实践中的“联盟人”假设

从宁波生产力促进中心的科技管家服务实践来看，这是一种市级的科技“管家”服务联盟，该联盟是由宁波市生产力中心联合中科院宁波材料所、浙大宁波理工学院等 7 家科研院所和高校共同发起组成的。由此可见，科技管家行为中的“代理人”，其实是一种服务联盟，既不可能是一种单纯的自利主义者，也不完全符合利他主义假设。科技管家中代理人的人性假设，我们可以称之为“联盟人”或“组合人”，“联盟人”理论上更趋近现代管家理论的“复杂人”。虽然科技管家的这种联盟“复杂”，但又不是一种纯粹的“复杂人”。

2.2.3　科技管家的现代管家理论治理结构

代理理论的重点在于构架起委托人有效控制代理人的治理结构与治理机制，而现代管家理论的治理，其着重点在于形成利于经理人充分发挥经营管理才能的结构与机制，一切以组织的价值增值实现为中心，经理人具有相对自由的施展空间。因此，从现代管家理论基础上的治理结构看，CEO 与董事长分设的权力制衡结构成为不必要，CEO 与董事长兼任的模式更高效、更灵活。同时，内外董事比例、关联董事、独立董事甚至私人董事的角色也更加灵活，讲究实效。

2.2.4　科技管家的现代管家理论治理机制

根据现代管家理论，治理机制的关键不是监督经理人，而是给予经理人充分的信任和授权，使其能够充分地发挥积极性和作用，以提高企业的创新自由，适应瞬息万变的市场环境，提高公司经营绩效，从而实现股东利益最大化的目标。(张志波，2008)

现代管家理论的这种治理结构与治理机制为科技管家服务提供借鉴。科技服务需求企业，可以将创新战略制定、技术转移决策、科技金融选择、知识产权管理等整体交由科技管家“服务联盟”外包服务。因此，在治理结构上，科技服务需求企业内部不必重复配备科技创新的高层专业管理人。这种治理结构的重点不再是委托人如何实现有效地控制代理人，而是通过平台，科技服务需求企业充分信任科技管家“服务联盟”专家团队，为保证科技服务及时高效，科技服务需求企业可指定一位企业员工作为科技联络员，专门负责与平台沟通。科技联络员＋专家团队模型是科技管家的一种科技管理治理结构。治理机制的重点，既不在于实现一锤子买卖的等价交易，也不像委托代理中的监督出效益，而是追求一种长期合作的信任关系，甚至发展为一种新的“双边市场”，结合科技创新服务外包的市场化优势与科技专业人才队伍与管理团队顾问模式的专业人才联盟的优势。

第3章 科技服务运营模式创新：国内国际经验启示

3.1 科技服务运营模式创新

科技服务模式的核心是其运营模式。所谓“运营模式”，托马斯(Thomas)给出的定义是从事一项有利可图的业务所涉及的流程、客户、供应商、渠道、资源和能力的总体构造。所以，笔者对于“科技服务及生产外包运营模式”的理解就是“从事科技服务和生产外包中所涉及的流程、客户、供应商、渠道、资源和能力的总体构造”。

运营模式大致可分为战略层次和运作层次两类。近年来，基于互联网的运营模式是重要的领域，尽管它更多的是运作层次的运营模式问题。对于“科技服务及生产外包运营模式”而言，有些适合在线下组织模式下进行，而有些则更适合在线上组织模式下进行。最终，本书采纳了O2O创新耦合的模式，与“战略”等管理概念存在一定交叉。

3.1.1 科技服务及生产外包运营模式创新的研究方法

本书所采用的研究方法主要是实证分析和规范研究两大类。实证分析主要包括问卷调查与案例分析、统计分析等方法，而规范研究则包括对比分析方法、系统分析与设计方法理论、四分理论与方法等，运用了经济学、管理学、服务科学等学科的知识。

1. 问卷调查与案例分析

实证研究主要做两件事：①证明现有的、公认的、设想的理论不能说明、解释的事实；②证明既有理论没有关注到的事实，或者，既有理论关注得不够、不全的事实。

张曙光教授(1998)认为，案例研究是实证分析的重要方法。1984年，罗伯特·K.殷(Robert K. Yin)(2004)为案例研究给出了一个经典定义，即案例研究是一种实证探究,它研究现实生活背景中的暂时现象;在这样一种研究情境中,现象本身与其背景之间的界限不明显,(研究者只能)大量运用事例证据来展开研究。

本书的问卷调查范围是宁波市某行政区内汽车零部件企业,问题涵盖企业所有制性质、规模以及发展阶段;信息化规划、门户网站和内部网络建设、核心业务流程、与供应商之间的数据沟通方式、产品开发过程中协同;希望获得的信息咨询服务、可以接受的培训方式等。围绕提升宁波市五大优势产业集群综合能力和产业升级,根据本课题组的调查,总结出各产业集群升级发展中的共性问题。

案例研究有单一案例研究和多案例研究两种方式。单一案例研究主要用于证实或证伪已有理论假设的某一个方面的问题,它也可以用作分析一个极端的、独特的和罕见的管理情境。在多案例研究中,研究者首先要将每一个案例及其主题作为独立的整体进行深入的分析,这被称作案例内分析;依托于同一研究主旨,在彼此独立的案例内分析的基础上,研究者将对所有案例进行归纳、总结,并得出抽象的、精辟的研究结论,这一分析被称作跨案例分析。

通常,单一案例研究不适用于系统构建新的理论框架。偏好单一案例研究方法的学者认为,单一案例研究能够深入、深度地揭示案例所对应的经济现象的背景,以保证案例研究的可信度。而以凯瑟琳·M.艾森豪尔(Kathleen M. Eisenhardt)为代表的学者偏好于多案例研究方法。本书的案例分析对象有宁波模具行业发展、宁波汽车零部件行业发展和宁波纺织服装行业发展等三个方面,能够更好、更全面地反映宁波特色行业的不同方面,尤其是这三个案例可同时指向产品开发能力,产业配套服务体系,专业化、标准化和商品化程度低以及政府支持等相同结论,使得本研究的有效性显著提高。

2. 四分理论与方法

为进一步澄清和界定科技服务运营模式的理论模型,本课题组借鉴四分理论和方法,将科技服务模式从研发创新—共性需求、技术服务—共性需求、研发创新—个性需求、技术服务—个性需求划分为四种类型:①高校、科研院所主导;②政府主导;③企业主导;④区域创新中心主导。

3.1.2 科技服务及生产外包运营模式的研究过程

"面向产业升级的科技服务及生产外包模式研究"依据"宁波制造业产业发展的现状与特点""制造业产业升级存在问题的案例分析""宁波科技服务及生产外包服务的共性需求""科技服务及生产外包服务模式构建"和"科技服务及生产外包服务模式实施的技术路线图",重点归纳、总结科技服务与生产外包服务体系及运营模式。

1. 宁波中小企业科技服务的需求分析

1) 近年来,宁波民营科技企业在快速发展过程中,面临了巨大的技术挑战,如企业的 R&D 经费投入少，科技创新主体不明确；技术市场不完善；中小企业自主开发新技术的难度较大，难以独立承担科技创新的风险；没有形成中小企业与大企业的合作创新机制。（赵勇，2010）

2）目前宁波地区企业科技创新体系建设的现状是：大多数的企业对科技创新体系还没有确立相应的概念，科技创新项目管理过于粗犷、简单，工具落后，缺乏完整的科技管理体系。因此，企业在科技创新方面面临着非常具体的管理挑战：如何建立技术创新体制，如何提高技术创新项目管理水平，如何组建技术创新管理体系必将是企业最先考虑的问题。实施技术创新体系建设战略存在大量需求。（赵勇，2010）

3）中心在对企业提供咨询服务时，尤其企业工程技术中心、科技型企业、高新技术企业认定和其他科技计划项目申报时，必须有科技创新体系建设的限制条件，促进企业对科技创新体系工作的重视和科技创新项目组织管理水平的提升。这进一步加大了科技管家服务的市场需求空间。

2. 宁波五个优势行业科技服务及生产外包模式分析

1）采用了特征分析方法，所依据的数据基础是宁波市汽车零部件、家电、模具、紧固件以及纺织服装等五大产业的发展现状，得出的结果是宁波产业的集群特征。

2）运用了案例分析方法，选取了宁波模具行业发展、宁波汽车零部件行业发展和宁波纺织服装行业发展为研究对象，找出所存在的问题。

3）采用问卷调查统计分析，目标是确定企业针对宁波科技服务及生产外包服务的共性需求，内容包括使用服务平台的意愿、科技服务与生产外包服务的供给、对政府支持的需求和企业参与创新的积极性等。

4）运用了经济学、管理学、服务科学等学科的知识，研究确立了科技服务体系应包括科学研究与试验发展、技术开发与转移、技术推广与转让、技术孵化与咨询、科技信息交流、科技风险投资、科技评估及科技鉴定、知识产权服务及其他技术服务等，以及生产外包服务体系的主要构成是产能信息和评估服务、国际买家服务、国内买家服务、会展与商务活动服务等内容。科技服务与生产外包服务运营模式应该是“双纵深支撑互动、一站式集成供给和 O2O 创新耦合”，即“科技服务支撑”和“生产外包服务支撑”平台系统在并行服务的模式下，功能覆盖范围大并使各种线上线下功能有机耦合，建立以业务为导向的服务流程，为企业实现提供一站式服务。

3.1.3　科技服务及生产外包运营模式创新研究结论

1. 双纵深支撑互动、一站式集成供给和 O2O 创新耦合

针对各产业集群升级发展中存在的共性问题，原有的服务模式，即单一的服务

功能或是一条线的纵深服务功能已经不能满足企业需求。利用原有支撑平台已无法快速提升企业的综合能力和产业的升级，继而转化为生产外包接单能力。提出并应用新型科技服务与生产外包服务运营模式——“双纵深支撑互动、一站式集成供给和O2O创新耦合”势在必行。

首先，由于科技服务和生产外包内部系统结构是平台价值创造和价值实现的主要载体，价值创造和价值实现与内部系统结构之间存在必然的联系。科技服务是平台的技术支撑，支持生产外包业务高质量、高水平的完成；同时，由于生产外包服务为科技服务提供了一个延伸发展的良好平台支撑。

其次，运营模式的组成要素取决于其特征的界定。奥斯特瓦德和皮尼厄(Osterwalder & Pigneur)认为任何运营应强调以下内容：提供给市场的业务、产品和价值主张是什么？谁是目标客户？如何向他们提交产品？如何与他们建立牢固的关系？答案是“双纵深支撑互动、一站式集成供给和O2O创新耦合”。双纵深支撑互动就是科技服务和生产外包服务两条纵深服务线路并行驱动为产业升级提供持续的服务，才能使其发展得更加稳定。一方面强调科技服务的纵深服务，通过科技管家等服务解决企业运作过程中和接单过程产生的相关科技问题，解决整体产业科技信息不通畅、技术研发能力弱等问题；另一方面强调生产外包系列服务，帮助企业提高国内外生产外包接单能力，解决产业的订单渠道单一、协同共享效率低等问题。在双纵深驱动建立起来后，强调线上线下的创新耦合、互动互补的平台能力，实现提升企业订单能力、提高协同制造效率、产品科技含量以及信息效率的最大化。

2. 云服务：科技管家形成先进服务业态

科技管家云服务，是基于大数据挖掘技术、整合优化局域网与广域网中相关科技资源，并通过政府公共服务的委托、招标购买等形式，通过平等自由谈判，在法律框架内订立契约，设立公共机构为科技信息中心与整合协调机构，从而建立起一个快速采集信息与计算分析的系统平台，为个人及企事业单位提供便捷的个性化全方位科技服务模式。

科技管家云服务，实现三大转变，逐步形成先进的服务业态。

(1) 由后向式服务向前置式服务转变

科技管家咨询服务变常规的“坐商”为“行商”。常规的科技咨询服务，通常是先由客户提出科技服务需求，服务商根据这一需求，提供相应服务。我们把这一服务模式称为后向式服务。科技管家咨询服务利用大数据信息资源，或根据与企业长期合作的基础信息，或根据相关企业类似案例信息，或根据相关科技政策变动信息，主动向服务客户适时提出有关建议。这样，由被动服务转变为主动服务，由解决当前问题的救火式服务转变为更注重企业长远发展的战略咨询式服务。

(2) 由离散服务向链式服务转变

常规科技服务或以某个特定项目为依托，或在企业发展面临困难的某一特定阶段为期限，向企业提供科技咨询服务，这种科技服务的特点是断点的和离散式的。科技管家咨询服务从某一特定项目的业务入手，在此基础上全面铺开，并伴随企业整个成长过程，形成全程跟踪的、连续不断的、环环相扣的链式服务。

(3) 由单一服务向集成服务转变，最终实现云服务

打造科技管家咨询服务的集成服务平台。宁波市十大公共服务平台之一科技综合服务平台，积极整合各项服务资源，重点围绕中小科技型企业开展服务，为全市的科技创新提供一个强大的支撑。平台将企业除生产外的专业培训、项目开发、品牌建设、管理制度、产学研联盟等业务集成到科技管家服务中。

科技管家咨询服务在集成服务平台基础上引入云计算技术，基于云服务的新服务手段，使过去由单人实施的服务转变为团队协作的集成服务，最终实现云服务。云服务可能带来商业模式变革，科技服务由常规的单项购买转变为科技管家的 VIP 群团服务。常规科技服务的服务供应方与需求方共同获利的共赢模式，转变为与科技管家共同成长的共生模式，反过来随着企业的成长，对服务的要求更高，也促进服务供应方的进一步发展。

3.2 科技服务国际模式与经验

3.2.1 荷兰农民组织主导型的农村科技服务模式

荷兰农民组织主导型的农村科技服务模式的基本特点是整个服务体系的骨干是农民组织，各类农民合作组织较为发达。荷兰除了政府主办的公益性农技推广体系之外，还具有发达完善的农民合作社和农业协会，这才是农村科技服务推广体系的主要力量。荷兰的农民合作社不以营利为目的，其主要目的在于加强农业生产者的市场力量，把竞争激烈的大市场连接起来，服务于农民的生产活动，增加农户的经营效益。

农民合作社的类型主要有专业购买生产资料的合作社、负责销售产品的合作社、从事农产品加工的合作社、农业信贷合作社（荷兰合作银行），以及其他的服务性合作社。

农业合作社还分为中央、地区、基层 3 个层次，现有各类合作社 2000 多个，按行业分为 25 个中央合作社。另外，荷兰还存在大量的农协。农协又分为行业协会和商品协会，作用大致类似于中国的工会组织。这些协会把农民联合起来，提高和

保护农民的社会经济地位。

3.2.2 美国农业“教育、科研、推广”三位一体化的推广模式

美国农业的推广体系是以公立或者赠地设立的大学农学院为主，其他学院配合，依托农业试验站和大学附属的农业试验农场开展农业技术的推广活动，而农业推广所需要的经费，则来自于美国联邦政府的农业预算和州、县政府的推广经费。在生产过程中，农业企业或者农牧业协会遇到技术问题时，可以通过企业设立的研究基金，与大学密切合作寻找解决问题的技术途径。美国农业推广大多注重实际效益，所以在农业产业化过程中遇到问题时，往往是多种学科密切合作来解决问题。美国近 100 多年来，一直通过 4H（Head、Heart、Hand、Health）计划，让更多青少年了解美国农业及农业推广机构的作用，从而吸引更多青少年今后从事农业研究与推广工作。

3.2.3 加拿大政府垂直管理的农业技术服务推广模式

加拿大的农业推广模式与美国的“教育、科研、推广”三位一体化的推广模式不同，加拿大的农业科研、教育和推广在中央政府和各省之间有着非常明确的分工：政府承担农业科研，全国的各个研究机构负责农业和食品部分，农业教育和推广工作也是在农业部的领导下开展工作。省政府推广机构是加拿大农业推广的主体，省政府推广机构的推广服务大致可以分为三种类型：一种是由省政府建立相应的推广中心，通过电话或网络直接服务农民。无论本省还是外省都可以通过该中心的专门机构获得服务。第二种是由省政府推广机构的推广人员直接下乡与农民进行面对面的交流。这种方式的优点是可以直接与农民沟通，从而充分了解农民的各种需求，为农民提供全方位的服务。第三种是政府定期或不定期地发行各种出版物，内容可以针对某个具体的领域，通过这些出版物向农民提供一些技术方面的信息。

加拿大的大学里大多设有农业推广部。这些推广部的职责包括与其他学院合作、接受一些有关推广的研究和培训任务、深入农村直接从事推广工作。此外，这些大学也有自己的试验站，从事推广工作。

3.2.4 日本以农协为基础的农业技术推广模式

日本的农业推广体系主要由中央级的农林水产省、都府道级农林水部、县级农政部或农业技术科和县以下的地域农业改良普及中心四级构成。中央一级推广机构由农林水产省掌握。农林省在全国设立 7 个地方农政局，在地方农政局生产流通部设有农户普及科，下设普及系，负责指导和监督各府、县的技术推广及实施。

都、道、府、县（相当于我们的省级）一级推广机构在农林部内，农林部设有推广管理科、营农指导科、农政普及科等机构。日本农业技术推广机构所需经费由中央政府按计划拨给地方政府。中央政府拨付的推广经费占全国农业预算的 1.5%左右，地方政府也有一定的推广经费。另外，用于技术引进、农民生活改善和农业接班人培养等与农业技术推广有密切联系的资金可享受无息贷款。

日本农协设有营农指导员，负责在产前把农户组织起来，针对性地编制生产和经营计划，争取必要的信用贷款，产中提供种苗、化肥等生产资料，并给予技术指导，产后接受农户委托办理农产品的包装、运输和贮藏，直至销往市场。1947 年，日本政府制定了《农业协同组合法》，完成了全国、县、市町村三级农协组织机构建设。目前，日本有 3500 多个综合农协和 4000 多个专业农协，每个农协平均有 5～6 个营农指导员，专门从事农业科技的推广与指导工作（丁彦，周清明，2013）。

3.3　国内几个典型的科技服务模式

3.3.1　浙江中小企业“科技公共管家”

受人力与设备投入所限，研发一直是中小企业创新转型的软肋。浙江科技型中小企业得益于当地政府搭建的公共科技服务平台，企业的创新成本大减，创新能力提速。这些平台也因此被企业亲切地称为“科技公共管家”。

软件产业是杭州高新区第一大产业，浙江省投资 2.9 亿元在此建起了软件产业科技创新服务平台。这一平台擅长在网络环境中为企业提供虚拟服务，目前已有 200 多家企业注册，汽车研发、新药研制等 230 个项目在这里进行了测试。

“科技公共管家”的运算速度、衍生服务等也备受中小企业的青睐。此外，浙江还支持这些“科技公共管家”做好产业的关键共性技术研究，帮助中小企业解决中高端研发力量不足，尤其克服在环境问题上的“惰性”问题。（余靖静，2012）

3.3.2　广东科技服务超市

为落实创新驱动发展战略和推进现代服务业改革，广东率先提出把科技服务作为交易产品的新型科技服务模式，科技服务超市应运而生，并陆续在全省范围内大力推广。

科技服务超市分为三类：一是按服务范围可划分为国际性科技服务超市、全国性科技服务超市、地区性科技服务超市以及地方性科技服务超市。二是按实体形态可划分为实体科技服务超市、网络科技服务超市和实体—网络一体化科技服务超市。三是按服务内容可划分为综合性科技服务超市和专业性科技服务超市；专业性科技服务超市按服务领域又可分为研发设计服务超市、检验检测服务超市、科技金融服务超市、科技咨询服务超市、知识产权服务超市等；专业性科技服务超市按服务行业可分为生物医药科技服务超市、环境保护科技服务超市和农业科技服务超市等。（张寒旭，2014）

3.3.3 科技专家大院模式

农业科技专家大院是近几年一种较典型的农村科技服务模式，专家大院分布在田间地头、龙头企业、星火产业带等农业生产第一线。在专家大院内，政府根据专业特征设立项目实验室、研究所、农技服务站和生活设施，在大院附近建立科技试验田和示范园。专家进了门能进行科研和技术培训，出了门可以进行现场指导和大田示范。

在农业专家大院的实施过程中，按照“政府引导、专家指导、企业主导”的原则运行，以“聘一位专家，建一处科技示范园，办一所培训学校，带动一个产业，振兴一方经济”为实施方针。在运行中，宝鸡的农业专家大院共形成五种有效的运作经营方式：

✧ 专家＋龙头企业＋农户

✧ 专家＋专业协会＋农户

✧ 专家＋农技推广机构＋农户

✧ 专家＋中介组织＋农户

✧ 专家＋科技示范园

专家大院与企业、农户、农技推广机构、合作社等农业经济主体建立起合作运营关系，通过有偿服务与公益推广相结合，发挥市场机制的作用，取得了良好的成效。（郭强，刘冬梅，2013）

3.3.4 宁波生产力促进中心科技管家模式

宁波市成立科技管家服务联盟，由市生产力促进中心联合中科院宁波材料所、浙大宁波理工学院等7家科研院所和高校共同发起，内容包括创新发展战略、技术转移、科技金融、知识产权贯标等8大服务。跟以往相比，这种服务就像是专家会诊，专业性、针对性更强，对企业的创新发展的帮助也最大。首先，中心建立咨询评估专家库，为企业提供高效、对口服务。其次，中心打造产学研创新服务平台（www.nbcxy.gov.cn），该平台是整合了各类技术需求、科技成果、技术人才、科技活动为一体的服务平台，促进宁波市技术交易、推动产学研合作的重要载体。同时，中心通过多次承担宁波市科技局、宁波市经发局、宁波市外经贸局以及高新区管委会等部门交办的多项工作，咨询服务水平逐步提升。

第2篇

科技服务及生产外包运营模式创新需求调研分析

第 4 章　模具行业的调研分析

4.1　模具行业调研的背景

国内提出平台建设的发展战略是在 2004 年,科技部、财政部等部委以及上海市政府启动了公共科技服务平台的建设工作以提升企业科技创新能力。国外的情况是,美国政府为连续支持数据中心群的建设筹划了专项财政资金,英国政府把一流科技基础设施建设作为国家的首要任务,等等。国内有些学者运用“系统失灵”理论对公共科技服务平台建设和运行开展研究,系统整合区域资源,提高平台运行效率。

综观国内外对公共科技服务平台建设和运行的研究,平台运行绩效依旧是研究热点问题。根据国家科技部“十二五”科技支撑计划项目——“面向制造业产业升级的科技服务及生产外包服务模式研究”的研究进度,宁波市生产力促进中心组织开展了本次访谈、问卷等调研工作,这也是一次为加强科技惠企政策落实的实践活动。

金华职业技术学院的王瑞敏等人(2010)对于平台在建设阶段构造出了一个通用模式框架,并从制度层面提出了保障服务质量的对策。对我国各级公共科技服务平台建设和运行建立科学合理的绩效评价体系,至于绩效评价制度,他们认为应当分阶段、分年度,重点评价是否有新的增长点,设置合理的考核目标,重点和增量要体现科学发展原则。当前,公共科技服务平台普遍是由现存的几个平台拼合而成,存在运行机制不完善,重建设轻管理等突出问题,缺乏平台建设与运行的长效运行机制,疏于对运行情况进行有效的监督与管理,从而造成了许多公共科技服务平台运行效果不理想。因此,科学的平台绩效管理是非常值得研究的课题。

宁波是“中国模具之都”,是中国模具业的重要生产基地和集聚地,宁波模具业在国内处于领先地位,全市有大大小小模具企业 3000 余家。宁波市模具行业经过“十一五”期间的快速发展,其总体规模、技术水平、生产装备、经营管理都有了很大的提高,初步形成了一些模具产业集聚基地。到 2009 年底,仅余姚、海宁等五大主要模具加工区域的模具企业已近万家,从业人员达 20 万余人,模具产值达到

150 亿元，其中出口 20 亿元。但与国际水平相比，宁波模具业还相对落后，特别是在精密模具的生产方面。经国内外专家多次论证，宁波模具与日本先进水平尚有 10 多年的差距，与韩国有 5 年以上的差距。

宁波市规模以上模具制造企业 2010 年实现工业总产值 44.02 亿元，比上年增长 13.83%；完成工业销售产值 41.16 亿元，增长 12.83%；完成新产品产值 22.81 亿元，增长 19%；完成出口交货值 7.49 亿元，增长 25.12%；实现利税总额 6.28 亿元，增长 22%；实现利润总额 4.12 亿元，增长 23.32%。象山优具模具制造厂开发新型钛纤维复合材料风道模具，成为空中客车公司二级供应商，承揽空客 A380 等风道模具订单。宁波市规模以上紧固件制造企业完成工业总产值 186 亿元，增长 6.29%；完成工业销售产值 182 亿元，增长 6.43%；完成出口交货值 8.2 亿美元，增长 60.78%；实现利税总额 10.99 亿元，下降 18.45%。其中，利润总额 7.65 亿元，下降 20.97%。

宁波模具在全国享有盛誉，在大型塑料模方面：已能生产 34 英寸大屏幕彩电塑壳模具、10kg 大容量洗衣机全套塑料模具及汽车保险杠和整体仪表板等塑料模具。在精密复杂塑料模方面：模具型腔制造精度可达到公差 0.02mm，型面表面粗糙度值可达 Ra0.1，塑料模寿命已达 100 万次，能制作背投电视光学镜片的高精度模具和国际著名品牌的车灯模具。

在铸模具方面，象山地区铸模产值就占全国铸模产值一半以上，所以有“铸造模具看象山”一说。宁波铸造模具精度达到公差 0.05mm，寿命达 15 万次以上；已为沈阳三菱、上海大众、上海通用、康明斯、北京现代等著名品牌发动机厂生产缸体、缸盖铸造模具。其中，宁波合力模具有限公司(简称“合力”)生产的“三菱 4G6 进气歧管”“通用 CAMI 下进气歧管”等铸造模具被中国模具工业协会评定为“具有国际水平模具”；合力生产的“4G6 发动机缸体模具”被国家科学技术部等四部委审定为“国家级重点新产品”；合力品牌“HLGY”铸造模具被宁波市人民政府认定为“宁波市名牌产品”。

作为铸造模具的一个重要分支，“十一五”期间宁波压铸模得到了快速的发展。据国际模协秘书长罗百辉先生的调研，目前压铸模制造精度最高可达公差 0.04mm，型腔表面粗糙度值为 Ra0.4～0.2，模具寿命达 15 万次。已为国内外汽车零配件、通用汽油机(割草机、发电机、水泵等系列)、摩托车发动机、电子通信等行业的名优产品提供配套。

冲压模在宁波市模具产量中占据的份额正在提升。宁波的电机铁芯硬质合金多工位级进模、定转铁芯复合模在全国模具界享有盛名，水平达国内领先，与国际水平接近。慈溪市鸿达电机模具有限公司生产的机电铁芯模多次被认定为“国家重点新产品”和“具有国际水平的模具”。其主要零件制造精度达 2μm，步距精度达

2μm 以内，表面粗糙度达 Ra0.1，模具在高速冲床上使用，冲裁速度达 400 次/分，总寿命达到 1.2 亿冲次以上。

宁波拥有国内最大的粉末冶金机械零件制造企业和目前国际最先进的数控设备，模具精度最高可达公差 0.01，寿命 25 万次以上，与国际水平基本同步。生产的粉末冶金件远销日本、韩国以及欧美等国家，其模具寿命长、质量好、精度高，很受同行的推崇。

经过“十一五”时期的不断发展，宁波模具行业出现了一批像宁波双林精密模具有限公司、宁波德业精密模具制造有限公司、宁波合力模具有限公司、宁波远东制模有限公司、宁波北仑车灯模具电器有限公司、宁海县第一注塑模具厂、宁波横河模具有限公司等生产规模大、产品质量高、设备先进、在全国处于领先地位的模具龙头企业，他们提升了宁波模具的档次，有力地提高了宁波模具行业的知名度。目前，宁波模具行业有 6 家国家级高新技术企业，16 家省、市级高新技术企业。2004 年，全国 58 家产值超 3000 万元的模具企业中宁波有 9 家，全国 39 家人均模具产值超 20 万元的企业中宁波有 7 家，全国 2003—2005 年享受增值税 70%返回优惠政策的 166 家企业中宁波占 36 家，这些企业为松下、福日、东芝、日立、三菱、爱普、别克、美联、海尔、长虹、一汽、奇瑞、东风、大众、小天鹅、荣事达等国内外著名企业配套服务，已具备一定的国际竞争能力，它们的模具还出口到美国、日本、韩国、意大利、土耳其、巴基斯坦、荷兰、瑞士等国家，在国际上也有一定的竞争力。

4.2　模具行业的调研设计及数据分析

4.2.1　模具行业调研方案设计

本次调研采用了访谈和问卷调查两种形式。宁波行业特色较为明显，尤其在纺织服装、汽配、电子电器、机械基础件和模具等五个领域。类型不乏中外合资、外商独资、民营、股份等企业，为课题后续科技服务平台的搭建提供了许多有用的信息。

参加本次调研的人员主要是课题组成员及相关高校学生，调研时间为 2013 年 5 月 1 日至 2013 年 8 月 30 日。

调查问卷设计：

本调研组设计问卷的主要依据是往年的问卷调查以及国内外同类问卷调查的经验和资料，内容涉及企业性质、企业的法律形式、企业所属领域、企业经营方式、企业注册时间、企业规模等基本信息，以及企业生产外包情况、科技工作现状、科技服务需求等，同时也了解企业在研发资金投入的比例、企业研发人员的比例等数据，以期从中了解企业对知识产权工作的重视程度，研究哪类企业在知识产权投入方面所占比例较高。

4.2.2 模具行业调研数据的统计分析

本调研组对宁波科技服务与生产外包服务的运营模式和绩效做了一次问卷调查，共发放问卷 120 份，回收 64 份，有效问卷 62 份。企业对有关问题的选择情况及数据整理分析如下。

1. 企业类型

如图 4－1 所示，参与本次问卷调查的企业有三资企业与私营企业等两种类型，私营企业所占比例达到 85%，三资企业达到 15%。私营企业是三资企业的五倍多。

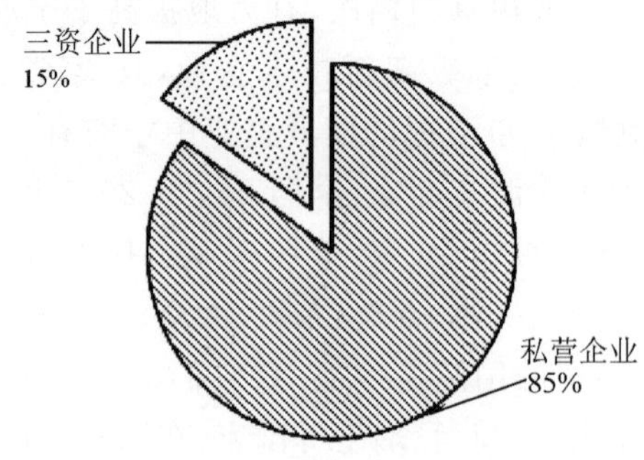

图 4－1 调查企业的类型

2. 资金合作方式

企业在与首选合作企业开展资金方面的合作时，合作方式有三种：参股、长期合作及其他。从问卷调查结果中可知，选择参股的占 31%，长期合作的占 53%，其他方式的占 16%。一半多的企业选择长期合作的方式，远远超过另外两种方式(见图 4－2)。

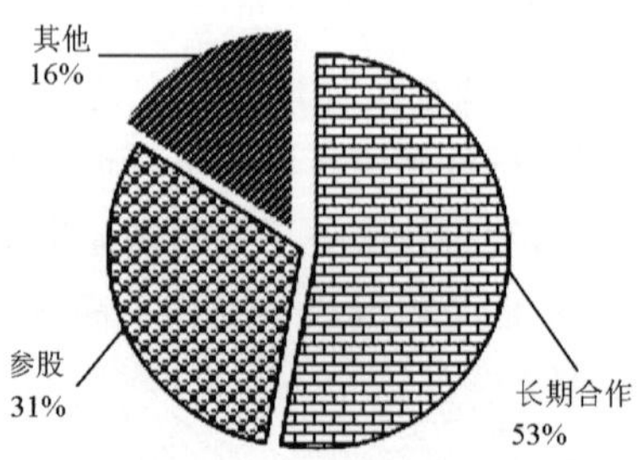

图 4－2 企业之间合作时在资金方面开展合作的方式

3. 商业合作方式

企业在与首选合作企业开展商业合作时，合作方式有市场协议、特许经营及其他等三种形式。如图 4－3 所示，市场协议占 54%，特许经营占 23%，其他合作方式占 23%。对数据分析比较后可知，有半数多的企业选择市场协议的方式，但趋势并不明显。

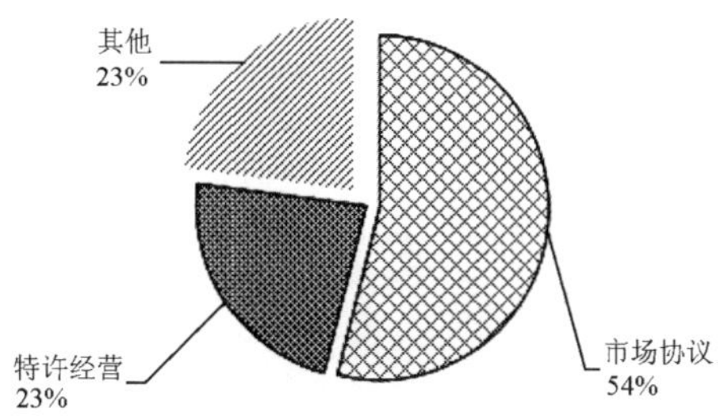

图 4-3　企业之间合作时在商业方面开展合作的方式

4. 技术合作形式

企业在与首选合作企业开展技术方面合作时，合作的形式有许可协议、专有技术及其他三种。如图 4-4 所示，许可协议占到 15%，专有技术为 31%，其他占 54%。对问卷调查结果分析可知，其他形式比例偏高。

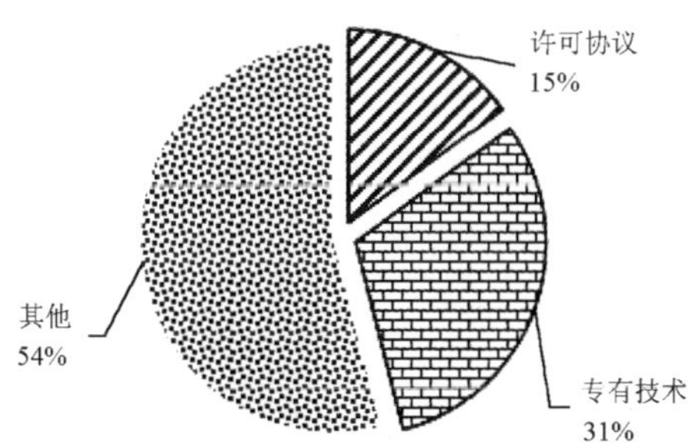

图 4-4　企业之间合作时在技术方面开展合作的形式

5. 产品方面开展的合作

在与首选合作企业开展产品方面的合作时，如图 4-5 所示，产品分包占 47%，技术援助占 38%，其他占 15%。分析可知，产品分包和技术援助是主要选择方向。

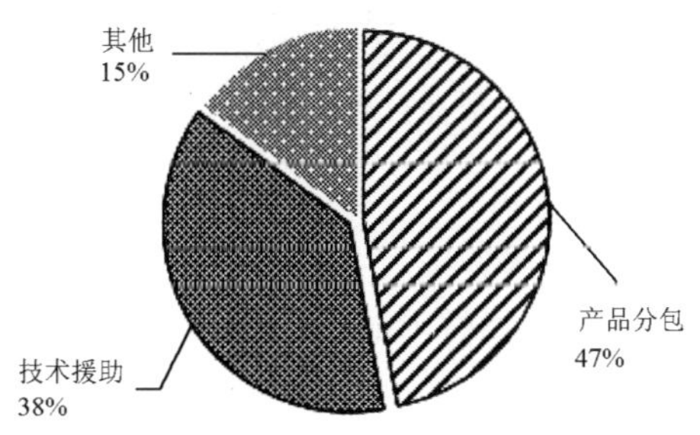

图 4-5　企业之间在产品方面开展的合作

6. 企业的研发机构与部门

企业是否拥有负责研发的机构与部门：如图 4－6 所示，有专职机构的占 69%，有兼职机构的占 23%，没有相关机构的占 8%。总的来说，企业一般都设有专职或兼职的机构，只有少数的企业没有设立相关机构或部门。这反映出被调查企业普遍认可"企业内部自设研发机构"。

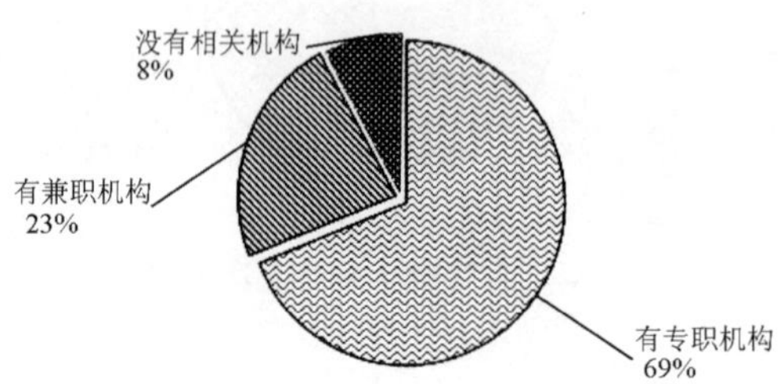

图 4－6　企业是否拥有负责研发的机构与部门

以下调研项目，调查对象根据实际情况可以多选，因而采用频次分析图展示。

7. 企业拥有或加入的科技机构类型

企业拥有或加入的科技机构：如图 4－7 所示，工程技术研究中心 33 个、科技企业孵化器 9 个，示范或产业化基地 5 个、产业联盟 9 个、其他 14 个。结果分析：半数以上企业加入或拥有工程技术研究中心。这也说明了工程技术研究中心这个机构比其他机构有更大优势。

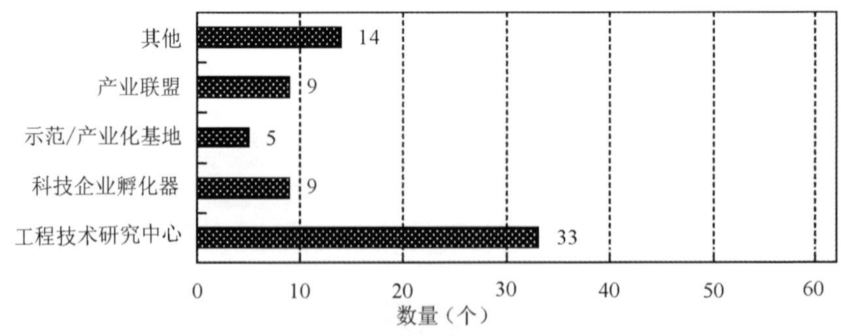

图 4－7　企业拥有或加入的科技机构类型

8. 企业需要的科技服务项目

目前企业迫切需要的科技服务项目：如图 4－8 所示，选择政府的支持的有 29 人次，选择人才的有 29 人次，选择技术储备的有 19 人次，选择资金的有 4 人次，选择信息的有 9 人次，选择设备的为 0。调查分析结果是，企业对政府的支持需求较大，其次是人才、技术储备、资金和信息，对设备方面的科技服务则无需求。

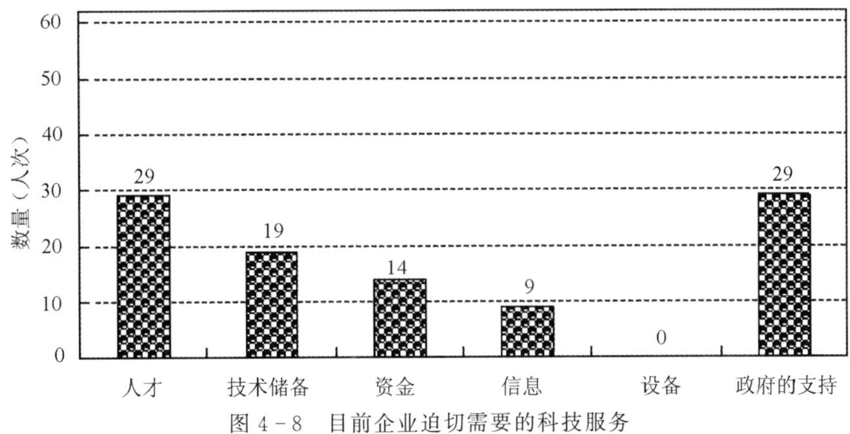

图 4－8　目前企业迫切需要的科技服务

9. 希望政府的具体支持

在企业希望得到政府的具体支持项目上面，希望的大小依次是：给予行业或地方性的政策优惠的需求最大，有 43 人次选择；其次，对科研项目资金的需求也比较大，有 38 人次选择；再次，选择人才引进与培养优惠措施和政策、产业化项目资金支持的各有 33 人次。如图 4－9 所示，项目之间需求的差距不是特别明显，这反映出这些政府部门支持的项目，任何项目企业大都能够接受。

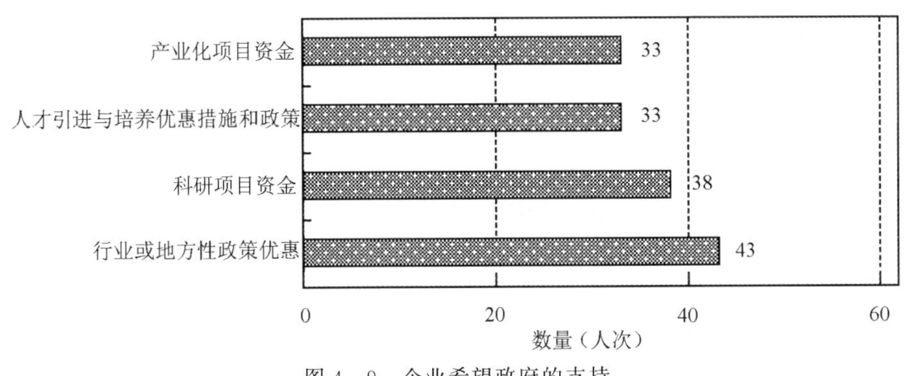

图 4－9　企业希望政府的支持

10. 企业希望得到的科技服务项目

企业希望得到的科技服务项目：如图 4－10 所示，对科技项目申报指导需求最大，有 33 人次选择该项，知识产权规划与申报有 29 人次，科技奖励申报和人才培养与技能培训两个选项各有 19 人次，科技成果鉴定、知识产权维权与保护和技术攻关与技术中介三个选项分别有 14 人次，科技信息、文献、论文发表和科技政策解读及科技战略发展两个选项各有 9 人次，高新技术企业培育、工程技术研究中心申报指导、技术与成果交易、科技人才及专家引荐等项目有一定需求但不是很大，只有 5 人次选择;科技企业孵化器建设则没有一家企业对此提出服务需求。

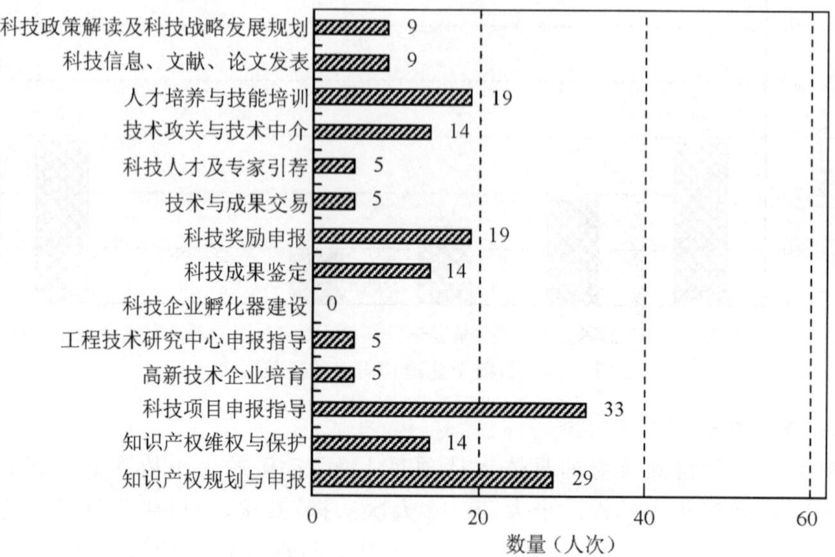

图 4-10　企业希望得到的科技服务

11. 企业希望的科技服务形式

如图 4-11 所示,企业希望得到的服务形式中,希望与需求方一起全程深度参与的有 43 人次,占总受访数的 69%;仅提供指导意见的有 19 人次;需求方需要时才服务的有 33 人次;而选择完全外包这种服务方式的有 14 人次。问卷调查结果显示出,多数企业偏向与需求方一起全程深度参与。

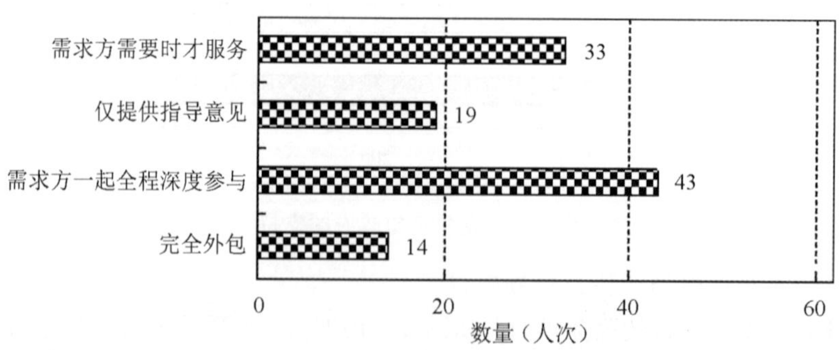

图 4-11　企业希望得到的服务形式

12. 科技服务渠道

企业希望通过哪些渠道得到科技服务机构的支持:如图 4-12 所示,根据其中数据可知,选择互联网的有 29 人次;上门服务的有 33 人次;宣传册子的有 19

人次；专题培训的最多，有 48 人次；电话传真的 9 人次；企业联盟的 9 人次；移动设备与其他选项无人选择。结果显示，多数企业最希望能够获得专题培训、上门服务。

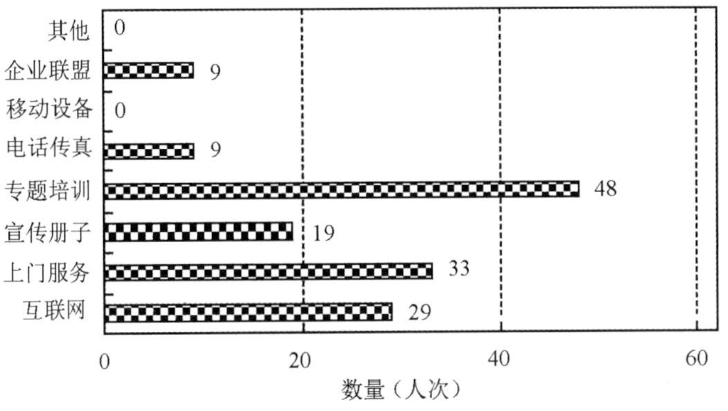

图 4－12　企业得到科技服务机构的支持所希望的渠道

13. 科技服务内容

如图 4－13 所示，企业最希望得到科技服务机构的支持和帮助的类型：其中，技术这个选项有 38 人次选择占总受访对象 62%；知识产权的有 33 人次；管理经验的有 19 人次；其他选项只有 5 人次。分析可得，企业更多的是希望获得支持和帮助的首选是技术，其次是知识产权，最后是管理经验和其他的帮助。

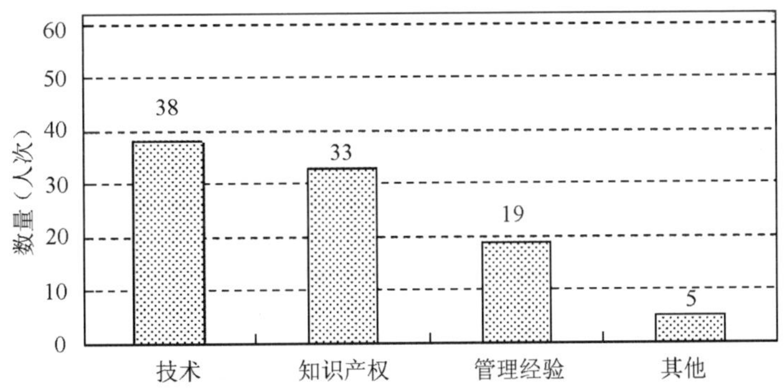

图 4－13　企业最希望得到科技服务机构的支持和帮助类型

14. 科技服务来源的企业偏好

企业最希望从谁那里得到相关技术的支持和帮助：如图 4－14 所示，选择研发机构的有 48 人次，占总受访对象 77%；选择个人的也有 14 人次；只有 9 人次选择从是同类企业那里获得相关技术的支持和帮助；其他方有 5 人次。从问卷调查结果中可知，研发机构是企业得到相关技术支持与帮助的最主要来源。

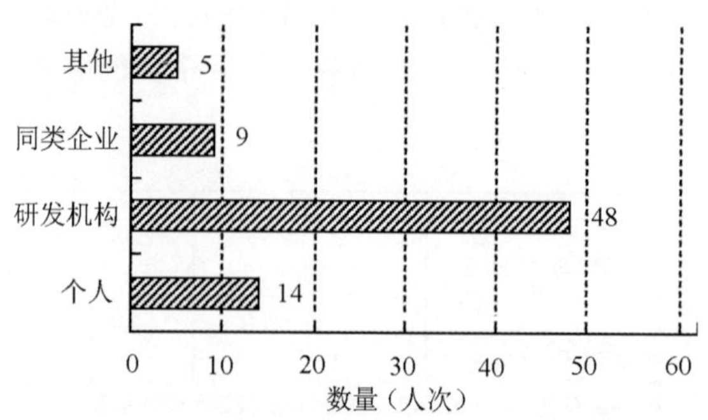

图 4－14　企业最希望得到相关技术的支持和帮助的途径

15. 技术引进方式

企业最希望采取的技术引进方式：如图 4－15 所示，受访对象基本上选择希望采取技术研发委托的技术引进方式(48 人次，占 77％)；其次是比较直接的成果转让，有 14 人次选择；另有 5 人次选择加盟入股的方式；其他的也有 5 人次。数据表明，大多数企业希望采用技术研发委托和成果转让技术引进方式。

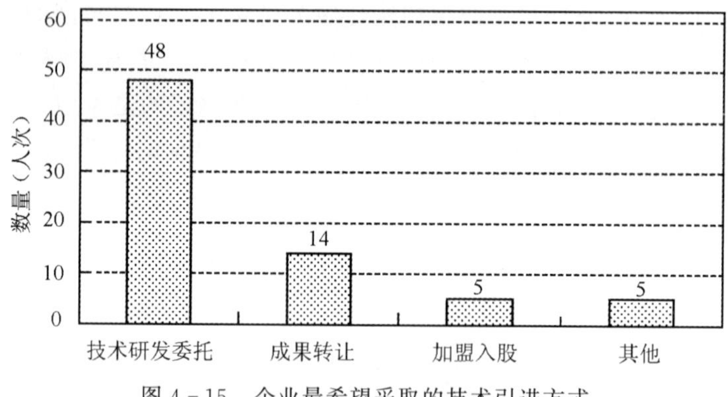

图 4－15　企业最希望采取的技术引进方式

16. 企业对基于互联网科技服务机构的了解程度

企业目前所了解的基于互联网的科技服务机构情况：如图 4－16 所示，有 43 人次选择了检测认证服务平台，占总数的 69％；科技金融服务平台有 24 人次选择；知识产权服务平台有 19 人次选择；产学研服务平台有 14 人次选择；宁波创新港也有 9 人次选择。大型仪器设备共享平台有 5 人次选择，协同制造平台和生产外包服务平台这两个选项都没有被选择，其他这个选项有 9 人次选择。调查数据分析显示，多数企业通过检测认证服务平台和科技金融服务平台了解基于互联网的科技服务机构。

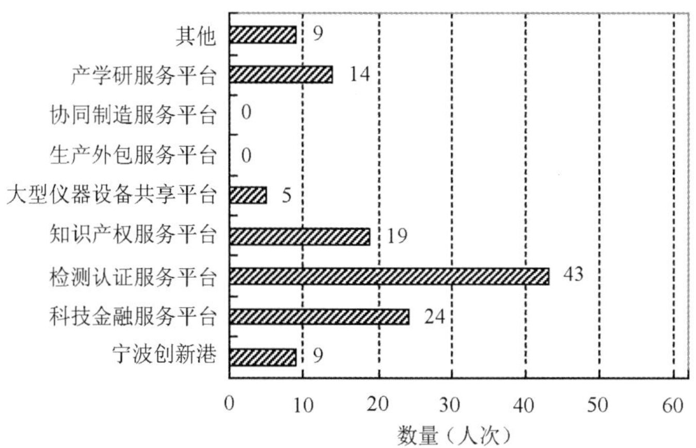

图 4－16 企业对于目前基于因特网科技服务机构的了解

4.3 调研结论与建议

本次调研既有访谈又有问卷。对企业人员访谈时询问了他们对科技服务平台的需求，根据所了解到的意愿调查组初步整理了企业程度及需求方向。未曾涉及过生产外包或者技术外包的企业，对于宁波市生产力促进中心未来建立起来的科技服务平台都表示愿意尝试一下，一致表示对信息有需求且主要集中于信息的索取，在生产外包、技术支持等方面并没有表现出很强烈的需求，这也值得课题组去思考，在该科技服务平台的定位及功能展开上，还需要进一步思考和细分。

在这次调研中，也有一些问题值得课题组去关注：①企业感觉国家投资或政策扶持力度不够，导致企业出现了融资难、实验难、招工难等问题；②当地对口专业人才缺失；③科技难题难以被有效及时解决；④项目申报、高新技术企业认定相关信息及程序流程还需完善。

对于企业提出的问题，调查组觉得在该科技服务平台构建的过程中也可以考虑进去，真正做到服务于企业，争取把科技服务平台的每一个功能都落实于实处，让企业能够感受到使用该平台所带来的巨大好处。

本次调研中被调研企业类型单一影响到需求的真实性。根据回收的问卷，参与本次问卷调查的企业只有 2 种类型：私营和三资，且私营企业是三资企业的五倍多，达到 85％；而问卷中列有国有及国有控股企业、集体企业、三资企业、私营企业和其他等 5 种选项。企业可做的选择是多样的，但问卷调查结果类型过于单一、比例极不均衡。这在某种程度上反映了宁波经济的实际状态，也说明了科技服务的普及还不到位，没有深入到各行各业，存在局限性，而且会影响到调查结果的真实性与客观性。

问卷统计分析与访谈记录各有各的优缺点，因此，本调研组采取了问卷统计分析与访谈记录相结合的方式，避免得出的结论片面或有所欠缺。

4.3.1 模型企业科技服务及生产外包需求

1. 企业都表示愿意尝试科技服务平台

从调研结果中可知，企业对科技服务平台有需求，都表示愿意尝试一下，一致表示对信息有需求且主要集中于信息的索取；在生产外包、技术支持等方面并没有表现出很强烈的需求。在服务内容方面，企业希望最多的是在技术方面得到支持，其次是知识产权和管理经验。没有企业对科技企业孵化器建设和技术与成果交易提出服务需求，对高新技术企业培育、科技人才及专家引荐以及难题攻关和技术中介的需求也非常低。对结果进行分析，发现企业对知识产权的规划与申报以及科技项目申报指导需求较大。对企业调研时，多达半数以上的企业希望从研发机构这一方得到支持。这充分说明了企业更愿意从机构而不是个人获得帮助。所以，平台可以让组织松散的个体(含中介、技术专家、管理专家等)成为某种“机构”发挥应有的作用。

根据问卷调查结果显示，企业目前所了解的基于因特网科技服务机构，其中检测认证服务平台占69%，科技金融服务平台占38%，知识产权服务平台占31%，产学研服务平台占23%，宁波创新港和其他占15%，大型仪器设备共享服务平台占8%；对于企业所了解的基于因特网科技服务机构，首先是检测认证服务平台，其次是科技金融服务平台和知识产权服务平台，然后是产学研服务平台，接着是宁波创新港和其他的科技服务机构。这也充分说明知识产权服务平台的普及率相对于其他的平台普及率较高，要加强该平台相关功能的建设以便服务更多的企业。

2. 企业对政府支持的需求最为迫切

本调查问卷中，直接涉及政府扶持的两个问题：第一个就是目前企业急切需要的科技服务是政府的扶持，对问卷调查结果进行分析得知，希望获得政府的扶持的企业占62%，远超出其他五项，即人才、技术储备、资金、信息和设备。企业所希望获得的帮助为：给予行业或地方性的政策优惠、给予科研项目资金支持、人才引进与培养优惠措施和政策以及产业化项目资金支持。

4.3.2 模具行业科技服务及生产外包服务存在的问题

1. 科技服务机构对企业的支持渠道有待改进

企业希望通过因特网、上门服务、宣传册子、专题培训、电话传真、移动设备等渠道得到科技服务机构的支持。调研结果显示，上门服务是大多数企业最想要得到的服务，但上门服务受地域的影响，距离近的企业能很快就享受到上门服务，而有些较偏远的企业，就不能及时地享受到上门服务的待遇了。

此外，这种"面对面"和基于网络"非面对面"的服务平台是一个矛盾。如何既能吸引企业多关注、利用网络平台又能最大化地满足企业对"上门服务"的渴望是亟待攻克的难题。在访谈时，一些企业抱怨技术难题提交之后很少能被妥善处理解决的，希望这一块能够完善。对问卷调查结果进行分析可知，企业对人才、技术储备以及政府的支持需求较大，其次是信息，这说明科技服务还没完全落实好，需扩大落实的范围与力度。

2. 企业参与创新的积极性需提升

企业在首次与企业开展合作时，超过半数以上的企业选择长期合作的方式；半数的企业选择市场协议的方式。与此同时，企业对人才以及政府的支持需求较大。被调查企业的观点中出现了一定的矛盾。关于产品方面开展合作的形式，对于产品分包、技术援助和其他这3个方式，企业没有明显合作意向，企业最希望采取的合作方式是技术委托与成果转让。本调查组认为之所以观点相互矛盾，根源在于企业，尤其是中小企业参与创新的积极性普遍不高。如果外部的创新环境的发展势必形成倒逼机制，调动企业内部要素积极参与，逐渐形成内外部协同创新的网络体系。

3. 宁波地区科技服务和生产外包服务特色不够鲜明

上海地方科技服务平台建设的显著特点是为自主创新主体服务的思想，而江苏省则以创新创业公共服务为抓手，组建一批科技公共服务平台，发挥网络、联动等协同效益，提供科技基础设施保障和条件支撑。陕西省为航空航天、装备制造、生物医药、电子信息、能源化工等主导产业企业提供专题数据库服务。南昌科技服务平台在注册的时候，对其资料要求较为全面，为注册的企业及个人会员提供便利的信息资源查询和丰富的文献资料，在企业需求和企业供应等方面的活跃度很高，为企业的运营发展做出了贡献。这些改革创新彰显了相关地域、城市的特色，相比之下宁波科技服务与生产外包服务特色并不鲜明。宁波地区特色到底应有哪些，会不会重走其他省市的老路？江苏省、陕西省以及上海、南昌等地将科技服务和生产外包服务分别建设，但宁波在两者的关系方面做了实践探索，尽管在理论上仍存在一些疑惑。科技服务和生产外包服务之间的关系很值得在理论上进一步深入探讨。事实上，生产外包与创新环境之间的协同关系在理论上可上升至"嵌入跨国外包体系的产业集群及其本土企业升级机理以及它们之间的升级协同机理"。

4.3.3 模具行业科技服务及生产外包服务的相关建议

宁波市是我国重点沿海开放城市，是浙江省对外开放的窗口。因此，宁波应充分利用这一优势，加快临港科技服务和生产外包服务体系建设，把宁波科技服务业的国际化程度进一步引向纵深发展。

1）加强对宁波市公共科技服务平台建设的整体规划，建立健全的公共科技服务平台管理机制。公共科技服务平台建设是一项涉及领域广、内容复杂的系统工程，也是一项长期的基础性工作。需要政府进行统筹规划并进行宏观协调与引导，打破条块分割，实现资源整合，杜绝重复建设。其次，建立科技资源共享管理机制，明确科技资源共享的程序和步骤、共享运行费用支持、拒绝共享的制约条件等，使共享行为有章可循，有法可依。科技资源共享应遵循“谁共享，谁受益”的原则，对提供共享服务的机构或企业给予税收优惠或财政补助，以激励创新主体主动进行科技资源共享。

2）加快“面向平台”的开发建设，完善系统功能，满足大多数企业的需求。平台应适时推出更多企业愿意使用的功能，如信息、人才、技术服务、知识产权服务和管理经验交流等，对企业不感兴趣的功能如技术成果交易等少开，甚至停开。企业对设备方面科技服务没有需求，因此设备调剂功能应该稍微弱化；同时要加强宣传生产外包服务与科技服务的关联性。由于被调研企业普遍认可“企业内部自设研发机构”，平台今后必须强调企业一己之力的柔弱性和协同创新的优越性。生产外包服务与科技服务加以集成，可真正实现公共科技服务平台建设与产业发展的有机衔接。

3）在技术方面，平台服务系统通过运用数据挖掘、网格等先进信息网络技术和综合分析的研究方法，具体分析如何构建平台资源网格引擎的框架结构，全面比较在不同科技领域所应构建的不同的服务流程，以建立应用服务逻辑框架体系。完善公共科技服务平台运行机制，实现平台高效运转，持续发展。要更好地发挥公共科技服务平台的作用，提高平台的创新和服务能力，应注重构建资源共享、高效灵活、持续发展的良性运行机制。首先，完善平台运行管理机制，明确相关部门的责任与义务，并以此为基础建立相应的绩效评价机制，对平台运行进行有效的管理与监督，提高平台的运行效率和运行质量。其次，完善平台投入保障机制。公共科技服务平台是一个公益性的平台，必须有稳定、持续的投入才能保障平台的建设与日常运行。因此，必须完善平台建设与运行资金管理制度，加大对公共科技服务平台建设的投入，使平台建设与持续运行有稳定的经费支撑。同时，积极引导企业、高校、科研机构等投入资金，参与平台建设，拓展平台建设融资渠道，逐渐建立起以政府投入为主，社会化投入为辅的多元化资金投入体系。

4）平台可以集中精力，将松散的个体（含中介、技术专家、管理专家等）组织成为某种“机构”，在帮助企业联系政府等领域发挥应有的作用。在建设科技公共服务平台时，要打破承建单位主体单一的限制。目前宁波市的科技公共服务平台通常是依靠承建单位一己之力来建设、管理平台，在一定程度上限制了平台的做大做强。倘若平台可以充分利用区域内的科研机构、高校等相关领域的资源，必将推动服务平台快速发展。深层次推进科技与经济结合，充分体现产业发展政策与宁波经济特色双重作用。

5）创新科技服务模式，上门服务与网络平台服务相结合，“线上线下”双管齐下。科技服务和生产外包逐步走向集成规范化、业态化，最大限度地吸引企业长期关注、利用所提供的服务。

6）认真研究科技服务和生产外包服务内在联动机制，打造真正具有宁波特色的平台。科技服务和生产外包服务存在着一定的逻辑关系，值得在理论上进行深入研究，包括科技服务和生产外包服务的内涵、行业特征、贸易政策理论等。突出宁波企业的特色，上海、江苏、陕西以及南昌等省市的实践探索值得宁波市借鉴学习。宁波市提出了“科技管家”科技服务新模式，已经初见成效。因为宁波以中小企业为主，所以科技管家将以民营企业为服务对象，比较有“人情味”，可进一步精细化、营销推广。

7）改进调研方式，提高研究分析能力，进一步增强科技服务水平和质量，引导以生产力促进中心体系为主的科技中介服务机构向专业化、规模化和规范化方向发展，实现公共科技服务平台建设与产业发展的有机衔接。公共科技服务平台建设是提升企业创新能力的重要基础工程。公共科技服务平台建设应与宁波的主导产业紧密结合，根据宁波的产业集群特色，为主导产业提供各领域、各层次的科技服务，为广大企业进行科技创新提供全方位的技术支撑，提高宁波产业的国际竞争力和持续发展能力。

8）其他方面。针对部分企业感觉融资难、实验难的问题，调研组认为在科技服务平台的搭建过程中，可以设立诸如“政企对话”之类的功能，让政府可以实时了解到企业的难处，企业也可以通过这样一个平台，向政府提出在企业技术运行中遇到的瓶颈及难题，力求妥善解决。对于实验难的问题，国家可以牵头，各方分别出资，在工业园区内兴建相应实验室，对于一些非保密级别的技术，不同企业之间的专家也可以相互交流，互通有无。

另外，对于企业招人难的问题，调研组深有感触，因为这不是一朝一夕所形成的，大学扩招、校园的兴建导致大学生素质普遍较低，而应届毕业生资历的缺乏也为企业招人带去了一定麻烦。因此，调研组认为校企之间应该联合，企业联合为在校大学生开展专业相关、工作对口的技能比赛，为学生提供锻炼的平台和实习的机会；而校方则配合企业开展课程，提高学生技术水平，为企业输送优秀的人才。这样可以在一定程度上解决企业的招人难、学生的就业难问题。而科技服务平台正好可以充当这样一个平台，为双方解决难题，真正做到惠企惠民。

此外，一些政策文件的发布、项目申报、高新技术企业认定相关信息及程序流程，也可以充分利用该平台，正如之前南昌科技服务平台，无论是企业还是个人，对于该平台的消息都比较关注的。合理地利用这方面的资源，也有利于平台的健康运营及发展。

第5章　汽配行业的调研分析

5.1　汽配行业调研的背景

5.1.1　市场推动宁波市汽车零部件行业的发展

中国已经成为世界汽车行业最大及最具有发展潜力的市场。2009年中国汽车工业取得了全球瞩目的成绩，首次超过美国，成为全球产销量第一的国家。2010年中国汽车产销分别达到1826.47万辆和1806.19万辆，创下全球新纪录。目前，由于中国国内人口流动性强，人口数量庞大，巨大的购买潜力继续成为拉动我国汽车行业快速增长的动力，汽车行业仍将呈现一个快速增长的发展态势。

我国汽车工业的快速发展刺激着国内汽车零部件行业的迅速崛起。在国际上，汽车行业开始实行零部件"全球化采购"策略及国际跨国汽车企业推行本土化策略，国内市场将出现巨大的零部件配件缺口，汽车零部件行业将持续平稳增长。2010年，中国汽车零部件国内产值达到1.4万亿元以上，吸引了大量的国内外资本进入该领域。

作为全国重要的汽车零部件生产和出口基地，据不完全统计，目前宁波各种汽车零部件生产企业已超过3000家。与周边的台州、温州、金华、杭州等地构成了中国最大的汽车零部件及汽车用品的生产基地，每年吸引着100多个国家和地区的数万名客商前来采购。当前，汽车零部件行业的持续发展，将继续拉动宁波市汽车零部件行业的快速发展。

5.1.2　宁波市汽车零部件行业现状

汽车零部件行业作为宁波最具代表性之一的产业，起步早，发展快，产业集中度高，企业数目多，拥有沿海港口及区域优势、强大的民营经济优势和宁波市政府大力扶持发展等优势，是宁波市重要的支柱型产业之一。经过20多年的发展，在行业规模、经济效益、产业布局、组织结构、生产条件，以及产品出口等方面都取得了巨大的成绩，产生了一批像宁波圣龙、宁波信泰、宁波宝迪、华翔集团等技术、资金实力雄厚的龙头骨干企业。宁波市汽车零部件开发、生产的产品品种，已经涉及汽车零部件分类的全部 4 大类 13 项范围，多种产品质量位居国内同类产品前茅，而且直接向主流整车企业配套。宁波市的汽车零部件企业产品块状分布的集群化、专业化发展的趋势特征明显，在不同的重点区域形成了块状经济，如鄞州区以一批规模以上零部件企业为依托，重点发展发动机关键零部件、轮毂、汽车底盘类及其他机械类等优势零部件。由于资源集中、分工与协作、区域集聚和资源共享等效应作用，极大地推进了宁波市汽车零部件产业完整产业链的形成，推动了其上下游产业的共同发展。

尽管宁波市零部件产业有一定的基础和优势，但还是有 80%以上的企业年销售额不超过 1 亿元，小规模企业占大部分。与国内外汽车零部件生产发达地区相比，除了部分外资合资企业和历史发展较久的龙头企业外，宁波市大部分汽配企业的研发能力不够强，仅仅停留在适应性水平上，主要集中在科技含量相对较低的机械零部件方面，极大地限制了宁波市汽车零部件产业规模效应的释放。同时，高新技术产品、附加值高的产品不多，主要集中在劳动密集型的低附加值产品领域，产品种类较多，专业化水平较低，致使产品质量不能保证。大部分零部件企业以低附加值产品、原材料消耗型产品、售后服务市场、个体寻找订单为主，由于缺乏核心竞争力，很难与国内外大型企业竞争，进入行业的主流格局，这在很大程度上影响了我市汽车零部件产业的全面快速发展。

由于宁波市汽车零部件企业以家族式企业居多，较多企业经营观念落后，难以进入全球采购体系。近年来，为降低成本，提升竞争力，国际跨国汽车企业开始在全球范围内采购零部件，但宁波市部分汽车零部件企业经营观念落后，满足于内部配套，没有进入全球采购体系的准备。还有较多企业没有通过 TS16949 质量体系，没有这张“门票”，宁波很多汽车零部件企业就失去了与跨国巨头同台竞争的资格，严重影响了企业的发展。

5.2 汽配行业的调研设计及数据分析

5.2.1 汽配行业调研方案设计

本次调研采用了访谈和问卷调查两种形式。宁波行业特色较为明显，尤其在汽配等领域。笔者在汽配行业中选择了 10 家典型代表企业进行了实地调研。

参加本次调研的人员主要是笔者及相关高校学生，调研时间为 2013 年 10 月 1 日至 2013 年 11 月 30 日。

设计问卷的主要依据是往年的问卷调查以及国内外同类问卷调查的经验和资料，内容涉及企业性质、企业的法律形式、企业所属领域、企业经营方式、企业注册时间、企业规模等基本信息，以及企业生产外包情况、科技工作现状、科技服务需求等，同时也了解企业在研发资金投入的比例、企业研发人员的比例等数据。

5.2.2　汽配行业调研数据的统计分析

笔者对汽配行业科技服务与生产外包需求作问卷调查，共发放问卷 20 余份，回收 14 份，有效问卷份数 10 份。企业对有关问题的选择情况及数据整理分析如下。

1. 企业类型

如图 5－1 所示，在国有及国有控股企业、集体企业、三资企业、私营企业几种企业类型中，参与本次问卷调查的有三资企业与私营企业两种类型，其中私营企业所占比例达到 90%，三资企业达到 10%。私营企业是三资企业的 9 倍。

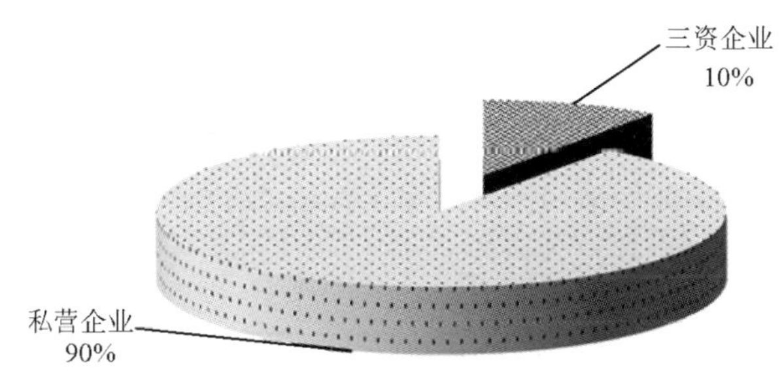

图 5－1　被调研企业的类型

2. 资金的合作方式

企业在与首选合作企业开展资金方面的合作方式有三种：参股、长期合作和其他。从问卷调查结果中可知，选择参股的占 20%，长期合作的占 60%，其他方式的占 20%；大多数企业选择长期合作的方式(见图 5－2)。

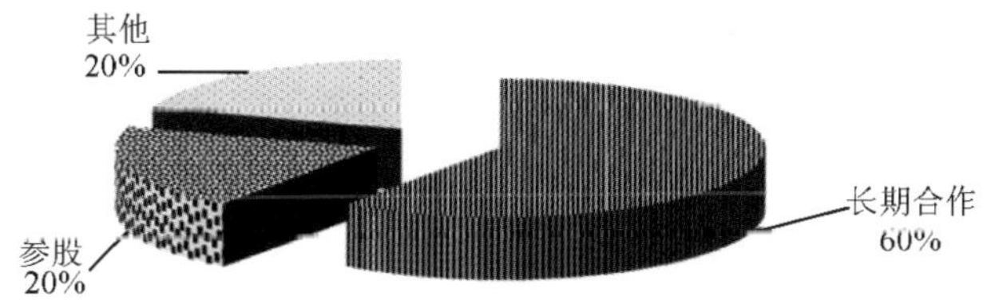

图 5－2　企业之间合作时在资金方面开展合作的方式

3. 商业合作方式

企业在与首选合作企业开展商业合作时，采用的合作方式有市场协议、特许经营及其他等三种形式。如图 5-3 所示，选择市场协议占 20%，特许经营占 60%，其他合作方式占 20%。对数据分析比较后可知，企业选择特许经营的合作方式偏好趋势较为明显。

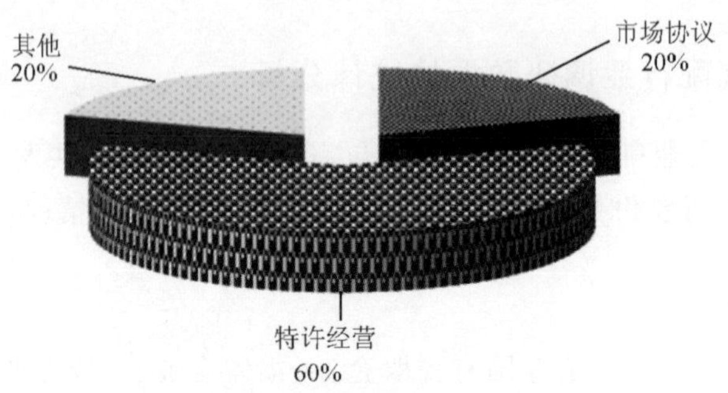

图 5-3 企业之间合作时在商业方面开展合作方式

以下调研项目，调查对象根据实际情况可以多选，因而采用频次分析图展示。

4. 技术合作方式

企业在与首选合作企业开展技术方面合作时，合作的形式有许可协议、专有技术及其他等三种。从如图 5-4 所示的调查数据可知，许可协议为 3 家企业所采用，专有技术为 6 家企业所采用。对问卷调查结果分析可知，专有技术的形式有一定的优势，而其他形式比例相对较低。

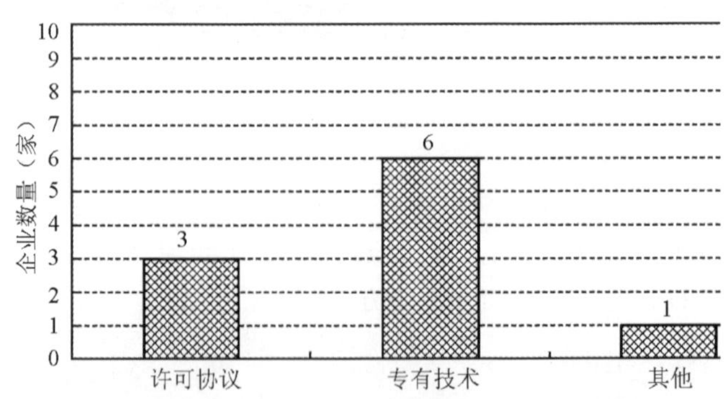

图 5-4 企业之间合作时在技术方面开展合作的形式

5. 产品方面开展的合作

在与首选合作企业开展产品方面的合作上面，从如图 5-5 所示的数据可知：产品分包为 40%企业所采用，有 4 家；技术援助为 40%企业所采用，也有 4 家。分析可知，选择较平均，未显示出特别的偏好。

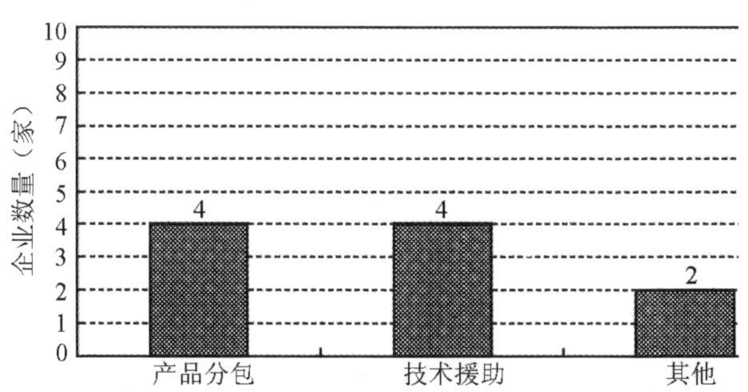

图 5-5　企业之间合作时在产品方面开展的合作

6. 企业拥有研发机构与部门的情况

企业是否拥有负责研发的机构与部门：如图 5-6 所示，有专职机构的占 90%，达到 9 家；另有一家拥有兼职机构。总的来说，企业一般都设有专职机构，图 5-6反映出被调研企业普遍认可企业内部自设研发机构。

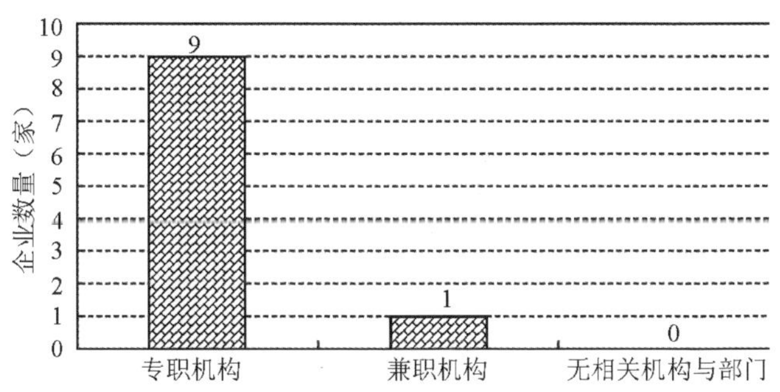

图 5-6　企业是否拥有负责研发的机构与部门

7. 企业拥有或加入的科技机构类型

如图 5-7 所示，7 家企业拥有工程技术研究中心，占总量的 70%。结果分析：

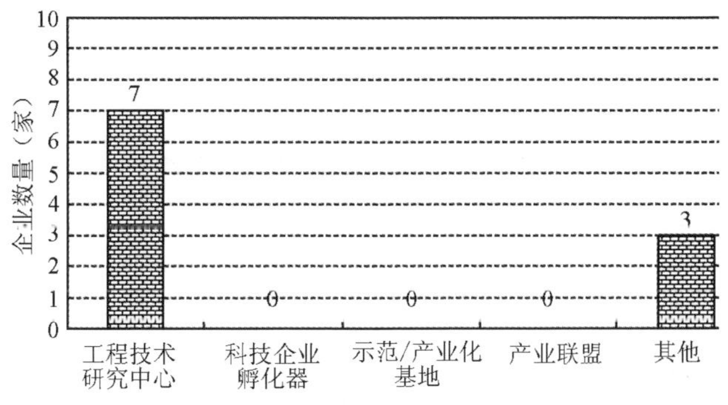

图 5-7　企业拥有或加入的科技机构

大多数企业加入或拥有工程技术研究中心。这也说明了工程技术研究中心这个机构比其他机构占有更大优势。

8. 企业急需的科技要素

如图 5-8 所示，当前企业急需的科技要素中，选择人才和政府扶持各有 4 家，并列于首位；技术储备有 3 家，资金需求有 1 家，信息有 2 家，设备则没有被企业选中。调查分析结果是，企业对人才以及政府的扶持需求较大，其次是技术储备、信息和资金，对设备方面的科技服务则无需求。

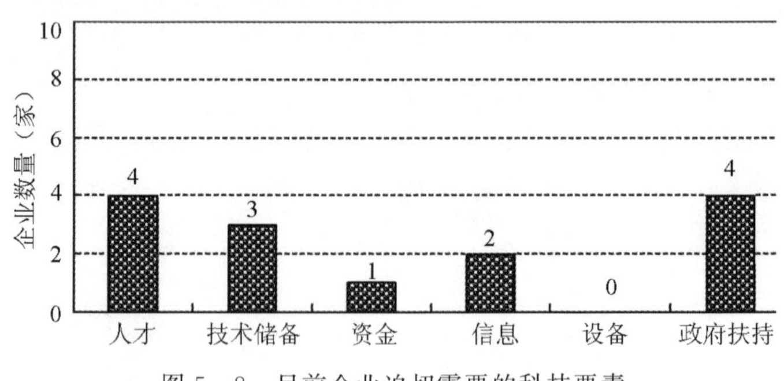

图 5-8　目前企业迫切需要的科技要素

9. 希望政府支持的具体内容

在企业希望得到政府的具体支持项目上面，期望程度依次是：给予行业或地方性的政策优惠的需求最多，达 6 家；其次，给予科研项目资金支持和人才引进与培养优惠措施和政策也比较需要，达 5 家；需求最小的是产业化项目资金支持，为 3 家。如图 5-9 所示，项目之间的差距不是特别明显，这反映出政府部门的支持，任何项目企业大都能够接受。

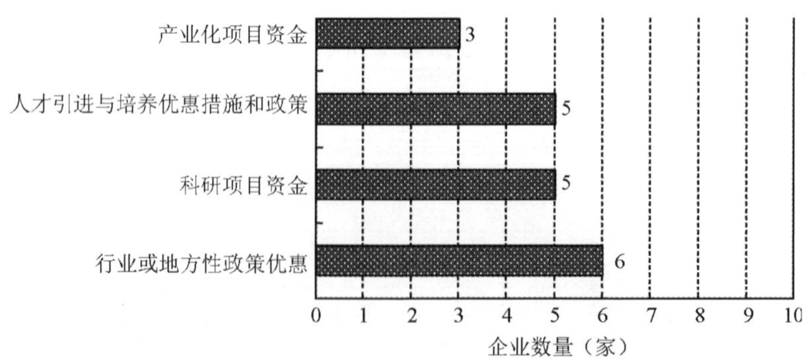

图 5-9　希望政府支持的具体内容

10. 希望得到的科技服务项目

从图 5-10 可知，对科技项目申报指导需求最大为 50%，达到 5 家；知识产权的规划与申报和科技成果鉴定占 4 家；科技奖励申报 3 家；人才培养与培训占约 3 家；难题攻关和技术中介，人才培养与培训，科技信息、文献、专业数据库的获取及论文发表和政府科技政策解读及战略发展规划占 2 家，对知识产权维权、保护高新技术企业培育、工程技术研究中心申报指导、科技人才及专家引荐等项目有一定需求但不是很大，只有 1 家；没有一家企业对科技企业孵化器建设技术与成果交易提出服务需求。

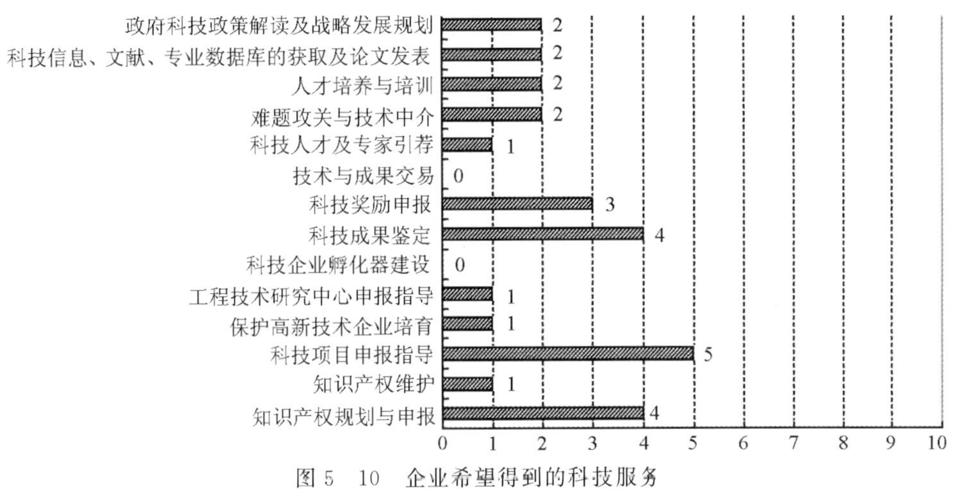

图 5　10　企业希望得到的科技服务

11. 科技服务方式

如图 5－11 所示，企业希望得到的科技服务方式中选择全程深度参与的占 60％，达 6 家，需要的时候才寻求服务的占 3 家，仅提供指导意见的占 2 家，而完全外包这种服务方式占了 1 家。问卷调查结果显示，多数企业偏向与需求方一起全程深度参与。

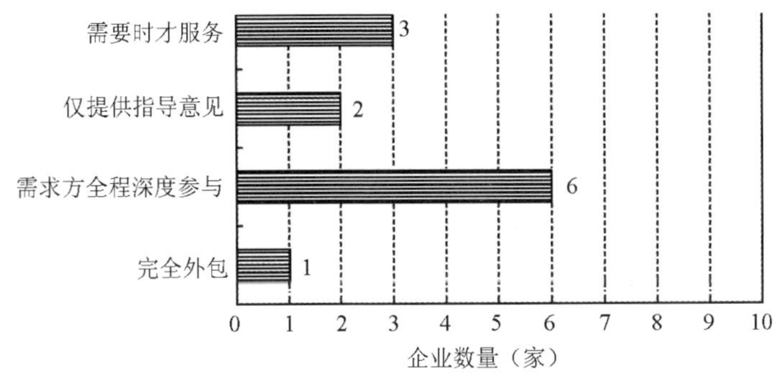

图 5－11　企业希望得到的科技服务方式

12. 科技服务渠道

企业希望通过哪些渠道得到科技服务机构的支持：如图 5－12 所示，其中专题培训占70%,达7家;上门服务占60%,也有6家;因特网占3家;宣传册子和企业联盟占2家;电话传真占1家。结果显示,多数企业最希望能够专题培训、上门服务。值得注意的是,被调查企业没有一家是希望通过移动设备接受服务,这似乎有悖于手机等移动设备在商务活动中广泛应用的现实。

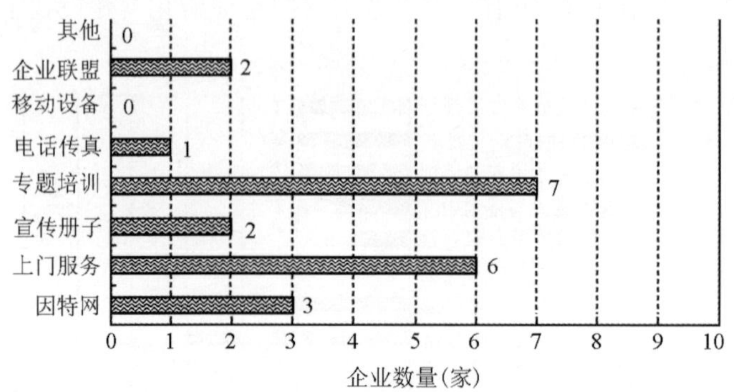

图5-12 企业得到科技服务机构的支持所希望的渠道

13. 科技服务内容

企业最希望得到科技服务机构的支持和帮助的内容:如图5-13所示,选择得到技术帮助的占60%,达6家;知识产权的占5家;管理经验的占3家。分析可得,企业更多的是希望获得的支持和帮助是技术,其次是知识产权,最后是管理经验。

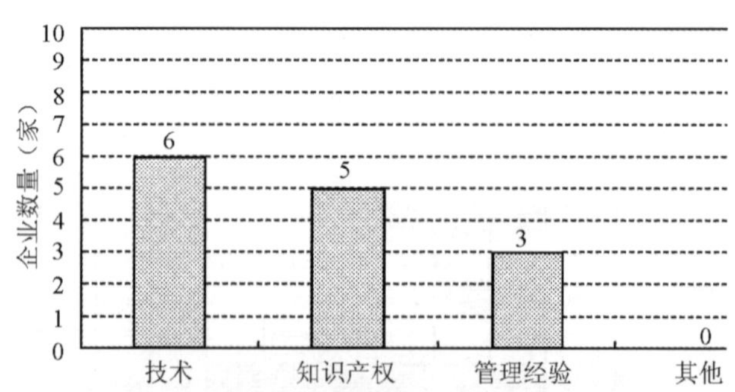

图5-13 企业最希望得到科技服务机构的支持和帮助的内容

14. 科技服务来源的偏好

企业最希望从哪方得到相关技术的支持和帮助:如图5-14所示,选择个人的占2家,研发机构的占80%,达8家;同类企业的占1家,其他方的占2家。从问卷调查结果中可知,多达80%的企业希望从研发机构这一方得到支持。这充分说明了企业更愿意从机构而不是个人获得帮助。

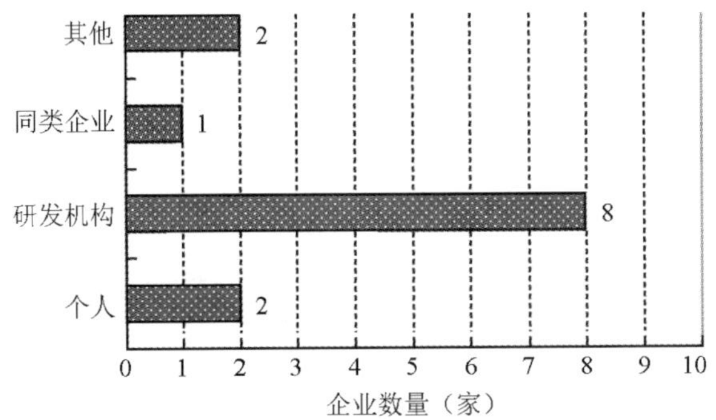

图5－14　企业最希望得到相关技术的支持和帮助的来源

15. 技术引进方式

如图 5－15 所示，选择技术研发委托的占 80％，达 8 家；成果转让的占 2 家；加盟入股的占 1 家。结果显示，绝大多数企业希望采用的技术引进方式是技术委托，其次是成果转让。这充分说明了技术委托的重要程度。

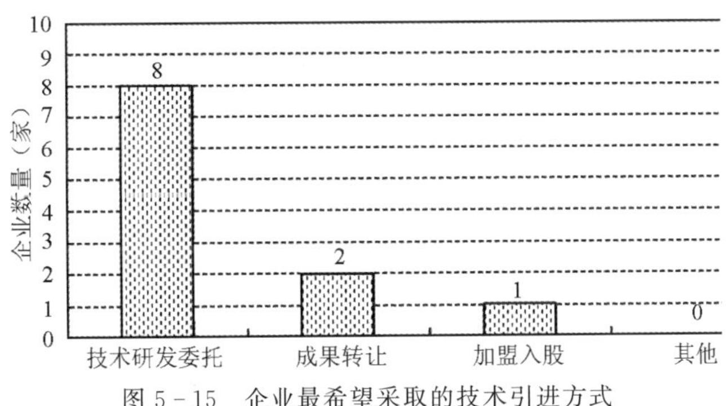

图 5－15　企业最希望采取的技术引进方式

16. 企业对基于互联网科技服务机构的了解程度

如图 5－16 所示，知识产权服务平台占 60％，达 6 家；科技金融服务平台占 4 家，宁波创新港、检测认证服务平台、产学研服务平台占 2 家，对大型仪器设备共享

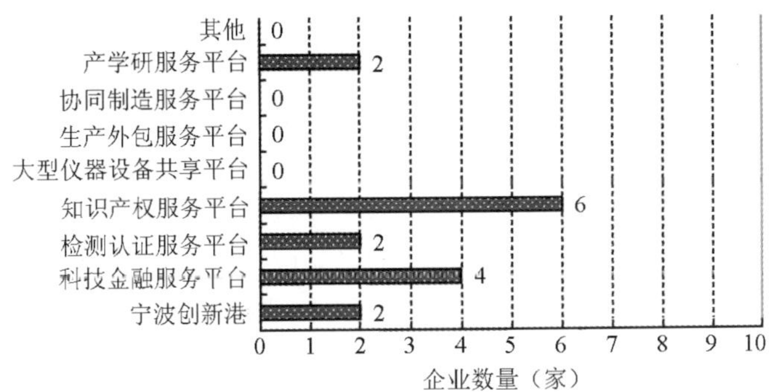

图 5－16　企业对基于互联网科技服务机构的了解程度

服务平台、生产外包服务平台、协同制造服务平台以及其他等四种则没有企业选择。从问卷调查结果中可知，多数企业是通过知识产权服务平台来了解基于因特网科技服务机构。

5.3 调研结论与建议

5.3.1 汽配行业调研的基本结论

经过对宁波市汽车零部件企业的抽样调查，我们发现10家企业有做汽车底盘件的，有做密封件的，有做汽车刹车的，他们的员工当中大部分都是车间操作工，管理和技术人员不多，人员素质普遍都不高，信息化软件很难在企业中推广应用。10家企业当中只有两家企业在信息化应用方面比较全面，在采访调研当中两位企业的负责人均表示信息化应用对他们提高企业工作效率及效益都有非常显著的作用，对信息化建设充满信心，并表示还会继续进行信息化建设，将信息化应用到各个层次，以提高企业的综合竞争力。这两家企业的共同点就是他们的负责人非常重视信息化软件的应用，在信息化人员配置、企业资金投入上下了很大的精力、财力，再加上负责人对信息化软件的决心，使得实施的力度大大地提高了一个层次。这是他们信息化建设成功关键之一。但是相对于这两家企业而言，这次调研当中最大的一家汽车零部件企业，年销售额3亿多，在我们的采访调研的过程当中，公司负责人直言现在竞争压力大，公司700多人，基本属于劳动密集型的，人员素质不高，他觉得信息化软件是很好，能给企业带来很大的效益，能提升企业的管理水平，但是他听说很多企业使用ERP软件都失败了，有因为软件流程企业根本无法应用导致失败的，有因为软件商的实施导致失败的等各种情形。他觉得信息技术这种现代高科技产品，他们这公司人员素质不高，企业业务流程特殊，如果应用ERP软件的话会将企业搞垮，目前信息化的应用只停留在各部门数据统计、产品设计等层面上，不会将信息化应用到各系统整合，他所担心的正是目前很多没有应用信息化管理软件企业的担心所在。另外，进入国际采购体系或者与知名主机厂配套的企业也意识到信息化建设的重要性了，就像YL机械制造公司一样，他们目前已与通用汽车直接配套，虽然配套的份额不多，但这在企业所在乡镇来说是一件非常荣耀的事情，毕竟能与通用这样国际知名品牌配套的企业不多，所以该公司领导表示目前迫切地需要提高公司的综合竞争力，已经将信息化建设作为提高企业竞争力的手段之一，信息化建设已经进入该企业的议程，并已做好总体规划和前期准备，现在正在进行软件选型，希望能找到一款与汽配行业业务流程符合的，并能提高企业管理水平的信息化管理软件来帮助企业提升综合竞争力。其他的几家汽配企业总体规模都不是很大，实现个别流程信息化，主要体现为财务软件基本已经使用，但大部分企业都意识到信息化的重要性，出于资金投入、人员配置、员工素质、实施风险等原因，目前都没进行整体信息化，不过大部分表示以后会考虑，因为他们觉得利用信息技术手段来帮助企业提升综合竞争力显得越来越重要了。

10 家企业当中，在使用信息化专用管理软件的企业当中，除了 YSJ 公司之外，其他企业都不是使用行业专业版，这导致部分业务流程与企业的需求的不相符合、不适用，企业各部门用的都是不同品牌、不同版本的软件，这使企业信息化数据不能统一集成，各部门的信息化各自为政，信息不能共享。像宁波 JP 电子公司一样，担心信息化软件使用会失败，最主要的是领导的重视程度不够高，这势必导致实施力度的降低，同时缺少一个符合企业实际情况的、能与企业业务流程紧密结合的信息化解决方案。这就需要像我们平台项目这样的软件，与企业的需求紧密结合，充分考虑汽配行业的生产特点及管理特点，以及汽配行业对质量要求严格的特性，大大提高了信息化建设的成功率。

这次调研的企业 10 家中有 9 家都建立了企业门户网站。不过，建有的门户网站也都是展示型的网站，没有真正带动信息化管理深入应用。很少企业利用第三方电子商务平台，进行网络营销、网络推广。有进行电子商务的也不能和内部管理信息系统融合。

通过这次对宁波汽车零部件企业信息化的调查，发现鄞州区的汽车零部件企业，正需要一种平台，能把上下游产业链企业协同的、专业的项目平台。需要整个区域零部件上下游企业汇聚于同一个平台，企业可以在平台当中进行内部信息化管理，根据 TS16949 体系建立符合区域特色的汽配企业管理流程，追求操作简单、易用(如我们的平台项目可以与手写输入板连接进行手写输入等)，部分公司所担心的人员素质不高、业务流程不适用导致实施失败等汽车零部件行业普遍存在的问题都予以解决。本次笔者调研的宁波通达汽配公司，其主要产品属于锻铸件，其生产过程能源消耗大、环境污染重，在当前相关能源、环保治理等产业政策约束下，企业面临转型升级的巨大压力。此外，企业还面临劳动力、原材料价格等生产成本上升的压力。通过信息技术手段来提高“节能减排”水平，这是汽车零部件行业中企业转型升级的重要途径。本平台项目从内部信息化到外部信息化的集成缩短了企业物流响应时间，从产品的原材料采购到生产入库，到前台的销售开单，再到产品的出库，这些环节全部都可以在系统中实现，另外系统还可通过安排生产单，自动制订生产计划，并计算出基于当前库存量的原材料需求计划，指导供应采购部门对物资的合理采购，减少了不必要的原材料积压，使企业的各种资源得到合理利用，根据 TS16949 体系对质量的严格要求，提高了产品的合格率，减少了产品的报废率等不必要的质量损失，节约了相关费用。通过对设备的管理，提高了设备的合理利用率，提高了生产率，节约了企业用电等。利用本项目的区域产业协同、协作功能，更大程度地促进了区域汽车零部件产业的节能减排工作。除此之外，本次调研的企业大部分都属于中小零部件企业，从调研当中得知他们普遍对信息化的认知程度不高，没有总体规划，且缺乏资金等，而本平台为广大中小零部件企业提供了一个全方位的信息化解决方案，并以低廉的价格服务于企业，通过平台项目进行企业内部信息化管理并与行业供应、采购企业联系，与行业专业人士交流，获取供应、采购产品信息，了解行业动态，分享成功经验等，真正实现了宁波市汽车零部件产业特别是中小零部件企业的工作协同，上下游企业协作服务。

5.3.2 适应下一代企业信息化发展需求的平台创新模式建议

1. 汽配企业信息化发展对科技服务平台的创新需求

当代企业的信息化建设不外乎两个方向，第一是电子商务网站，它是企业开向互联网的一扇窗户；其次就是管理信息系统，它是企业内部信息的组织管理者。这扇“窗户”让企业能够及时地掌握行业动态、市场变化，从而做出迅速的反应，占有市场先机。谁拥有互联网，谁就拥有了信息；谁拥有了信息，谁就能占据有利竞争地位，这已经成为新的市场竞争规则。当然，管理信息系统在企业发展中的战略地位也不可小视。它协助企业管理简单的公文、技术资料到复杂的生产流程、成本核算，甚至辅助企业进行更高级的经营决策。

企业信息化的成果并非一蹴而就，它经历了一个相当长的时期。在各个发展阶段，各种模式的信息化工具交替占据主导地位，但最终必然是被更新的、更完善的模式或技术所取代。今天的企业电子商务和管理信息系统也不例外，流行的同时也有它自身的不断裂变和发展。那么，一个具有前瞻性的问题在于：今后的企业信息化会朝向何处发展？企业如何看待当前相互独立的电子商务和管理信息系统？企业如何将信息化建设与企业本身的实际需求紧密结合？

互联网能够使产业集群内资源的整合和节约成为可能。下一代信息化发展应朝着更为细分的、针对特定行业而专门制定的、具有明显行业特性的，并将电子商务平台与管理信息系统紧密结合而不是相互分离的全面信息化模式建设。目前，平台将实体企业的门户网站、行业针对性管理软件、行业电子商务平台无缝集成，并与现在较为流行的 SaaS 模式相适应，平台使企业现行管理模式和 ERP 系统标准模式紧密对接，将汽配行业的标准理论运用到软件设计和实际企业实施当中，通过 TS16949 体系流程、软件技术、项目管理理论与项目实施过程相结合，达到了管理软件使用的效益最大化，规避了信息化建设失败的风险。同时，汽配企业使用的管理信息系统也并不是独立的，通过与企业门户网站、行业网站的结合应用，为企业内部与客户、合作伙伴及产业链企业能够从统一的渠道建立信息联盟，为企业间建立紧密联系，使集群产业内的企业工作协同化。这为平台应用单位——宁波 YSJ 公司在整个信息化过程当中提供集成化、整体化的服务，让平台在经营管理当中更具有生命力。

2. 平台在汽配行业的应用前景

越来越多的宁波汽配企业认识到互联网的价值，企业在互联网上的相应投入不断提高，包括建站、交易平台入驻、网络营销等。汽配行业 TS 企业管理及产业协作平台帮助汽车零部件企业建立了集管理信息化、电子商务、企业门户网等一个全方位的汽车零部件产业链信息化解决方案。经过对宁波市汽车零部件企业的抽样调查，可以发现有用管理软件的企业都不是行业专业版的，这导致部分业务流程与企业的需求不相符合、不适用，有的企业各部门用的都是不同品牌、不同版本的软件，这使企业信息化数据不能统一集成，各部门的信息化各自为政，信息不能共享。平台行业管理信息系统、行业网站、电子商务型门户网站，解决了以上问题，它提供了企业全程的管理及电子商务活动，不但可以在本平台进行企业内部信息化管理，同时还可以建立企业上下游厂商间的联系、电子商务交易，还可以在本平台与行业专业人士交流经验，分享信息化建设心得，并能迅速从本平台当中获取原材料辅料商—铸锻坯标准件商—零部件总成商—系统总成商—整车销售商—维修保养装潢类—车辆报废再利用产业链的采购信息、供应信息、行业资讯及其他信息资源，建立了整个零部件产业的上下游企业协作、协同的平台，促进了区域该集群产业的协同化。

同时，TS ERP 及精益管理系统是针对汽配行业业务特点开发的，使软件与企业的生产运作流程紧密结合，具有本土化特点，是宁波市汽车零部件企业管理软件首选之一。另外，TS 汽车零部件产业联盟网具备独特的专业性质，凸显行业特性，顺应目前电子商务发展的主流。

而平台将管理信息系统与企业门户网站、行业网站无缝融合，与现在较为流行的 SaaS 模式相适应，更为企业信息化建设提升一个台阶，互联网应用的创新模式给汽配企业信息化管理带来很大的机遇。基于汽车零部件行业信息化现状与汽车零部件行业巨大客户群体支撑，平台将以低廉的价格服务于广大汽车零部件企业，特别是中小型汽车零部件企业。

第6章 家电行业的调研分析

6.1 家电行业调研的背景

6.1.1 宁波产业集群

近年来,宁波市块状经济发展环境不断改善,可持续发展能力不断提升,部分块状经济已迈向现代产业集群。较大的市场规模取代了较大的企业规模,较多的市场资源配置取代了企业内部生产,形成了布局块状化、生产专业化、运营市场化、协作社会化的良好发展局势。在宁波鄞州区,以国家级新型金属材料特色产业基地、国家级特色产业基地和省级新型计量仪表特色产业基地为基础,高新产业集群优势逐步形成。

宁波家电生产行业块状经济具有一些明显的特点:一是产品特色明显;二是产业集聚度高;三是国际贸易势头强劲,国际化经营开始起步;四是产品覆盖面广。宁波本身就是制造业集群地,在辖区内又集聚了各具特色的区域群落,如家电产业的集聚形成了宁波家电兵团。宁波家电产业在充分发挥市场机制和政府的有效推动下,以发达的塑料模具业和小五金加工业为依托,形成了从零配件生产到整机制造的庞大产业链。依托这条产业链垂直分布的中小企业集群,4000多家电整机企业和近万家配件企业组成了强大的宁波家电兵团。

产业集群的发展动力来自于何处?以服装企业为例,调查表明,宁波企业家认为促进企业发展的前五位因素是市场需求、政策优惠、企业家的决策、技术开发和出口贸易(见表6-1)。

表6-1 历史上影响服装企业的成功因素重要程度 (单位:%)

市场需求	政策优惠	企业家的决策	技术开发	出口贸易	其他(土地厂房、劳动力等)
21.19	20.07	13.38	12.27	10.04	22.97

资料来源:根据宁波市经委组织的抽样调查数据计算

其中内在原因有：

1）区位优势。宁波市地处长江三角洲南翼的浙江省东部沿海地区，有深水良港，经济发达，是浙江省的经济中心。宁波市与上海有着传统的人文联系，随着杭州湾跨海大桥的建成，与江苏的无锡、江阴、常熟、南通等地区的联系不断加强。得天独厚的区位优势和文化底蕴为服装业的发展提供了一个良好的外部环境，也为企业家的诞生和企业的发展创造了条件。

2）技术发展。为适应外贸出口和对外加工的需要，一些大中型骨干企业相继引进了国际上先进的自动化生产线。服装企业拥有较好的生产设备，总体技术和装备在国内居领先地位，关键技术装备水平达到了国际先进水准。

3）政府扶持。服装特色产业是宁波市的一张"名片"，持续举办了 13 届的"宁波国际服装节"是市里每年最重大的活动之一。近几年来市政府将纺织服装列入十大优势产业，给予重点支持，专门制定了《宁波市"十一五"纺织服装行业发展规划》；2008 年出台的工业创业创新倍增计划中，高档纺织服装仍列入"5＋5"产业之中，在政策上给予更多的倾斜和扶持。

而外部动力则是：

1）市场需求。改革开放以来，对外交流的增多及对服装需求的增加促进了宁波市服装产业迅速发展。20 世纪 80 年代中期全国兴起"西服热"，也催生了宁波市西服制造的高速发展。

2）出口驱动。宁波市拥有便利的港口优势，并且很好地把握住了加入 WTO 后我国面临的服装产业国际化的历史机遇。

3）两化融合。信息化作为推动块状经济向现代产业集群转型的一个助力，发现、总结企业应用信息技术的好经验，为集群内其他企业做示范表率，是实现工业经济转型升级的一条重要途径。

6.1.2　家电行业产业理念的变化

电工电气行业理应包含家电产业，而家电是宁波的第二大产业，也理应被视为宁波的重点优势产业。2012 年，宁波有家电整机生产企业 4000 多家，配套企业 1 万多家，形成了从零配件生产到整机制造的庞大产业链，带动了 20 多万人的就业；宁波大市范围家电业总产值在 2000 亿元至 2500 亿元之间，早已不是老说法里的"千亿元"。

就国内整个行业来看，宁波家电也占有重要的一席之地。宁波是全国三大家电生产基地之一，产值占全国总量的 30％，形成了全球知名家电配件集散地和国内最大的家电园区，还拥有双缸洗衣机、饮水机、电熨斗等 10 多个全国"单打冠军"。宁波家电门户网站上显示，宁波家电已有"中国名牌"14 个、"中国驰名商标”66 个。

家电是传统产业已经是旧的观念了。随着与新技术、新概念的融合发展，家电业已非“传统”两字可定义。智慧家电、新能源家电、绿色家电、创意家电等新技术、新概念层出不穷。

6.2 宁波家电行业现状

家电产业是宁波市重点支持的传统优势产业，从 20 世纪 70 年代末起步，经过 30 多年的发展，呈现出区域集聚度高、产业配套齐全、产品品种多样、创业出口创汇能力强的突出优势，已成为与广州顺德、山东青岛齐名的全国三大家电生产基地之一。在当前宏观经济转型升级的新常态发展基调下，国内家电行业也处在“北有青岛，南有顺德，中有宁波”的家电产业格局内，面对海尔、美的等家电大亨，以小家电异军突起为主要特征的宁波家电该如何赢得未来发展？专业化成功概率远远高于多元化。

宁波家电已经有不少“单打冠军”，争当细分领域“隐形冠军”应成为众多中小家电企业的目标，专业化则是达成目标的秘诀。企业一定要站在自己的立场上去转型升级，关键就是一个“专”字。虽然宁波拥有奥克斯、方太等大品牌大企业，但整个行业还是以中小民营企业为主，企业规模总体偏小。同时，除了厨房电器在高端市场有占有率外，多数产品尚处于中低端，产品附加值较低。要依靠市场路线升级带动整个行业的升级，其中的关键则在于技术升级。而智能技术、节能环保给家电指明了未来方向，城镇化、消费升级拓展了需求空间。

当前对宁波而言，尤其需要家电整体品牌进行定位、展示和传播，使“宁波家电”成为一个有影响力的区域品牌。针对宁波家电企业多而小的特点，抱团发展提升行业整体竞争力则是生存之道。

6.2.1 总量快速递增

目前整机生产企业 4000 多家，规模以上企业 550 家，加上相关配套企业达万余家，带动了 20 多万人的就业，总产值达到了 1000 多亿元，2009 年宁波规模以上家电整机生产企业完成工业总产值 428.88 亿元，同比增长 2.91％；实现销售收入 410.96 亿元，比上年增长 2.02％，产销率达到了 95.82％，新产品产值率达到了 33.8％。受国际金融危机等不利因素影响，2009 年宁波家电行业出口有所回落，出口交货值为 207.21 亿元，增长率为－4.67％，实现利润 15,75 亿元，利税总额为 26.81 亿元，分别比上年增长 3.96％和 0.60％。

6.2.2　家电产业集聚形成宁波家电兵团

宁波家电产业在充分发挥市场机制和政府的有效推动下，以发达的塑料模具业和小五金加工业为依托，形成了从零配件生产到整机制造的庞大产业链，依托这条产业链垂直分布的中小企业集群，4000 多家电整机企业和近万家配件企业组成了强大的宁波家电兵团。较大的市场规模取代了较大的企业规模，较多的市场资源配置取代了企业内部生产，形成了块状布局、专业化生产、市场化经营、社会化协作的发展格局。

宁波家电产业集群先后获得中国机电产品进出口商会授予的“中国家电产业出口共建基地”、中国家庭电器商业协会授予的“中国家电采购基地”和中国轻工业联合会与中国家用电器协会联合授予的“中国家电制造业基地”等荣誉称号，被浙江省认定为现代产业集群的示范区、宁波小家电产业集群入选中国社科院发布的 2008 中国百佳的产业榜单。

6.2.3　产品种类齐全

宁波家电产品种类较为齐全，产品覆盖面广，拥有吸油烟机、吸尘器、空调、冰箱、洗衣机等 20 多个细分行业数千个品种，涵盖厨房电器、清洁电器、美容保健电器、通风电器、制冷电器、电力器具专用配件等十多个领域，宁波家电产业层次分明，有奥克斯这一类具备核心技术和品牌优势的龙头企业，有像方太、帅康、沁园等在高端市场占有一席之地的知名品牌企业，有西康、富达、波木、金帅、奇迪等一大批出口品牌企业。饮水机、电熨斗、欧式插座、扫地机、电热慢炖锅等多个细分行业，产量长期居全国首位。一大批小家电出口企业靠过硬的技术和稳定的产品质量成为国际家电品牌的“名配角”，产品陆续进入沃尔玛等国际大型超市的采购体系，奥克斯、富达、西摩、奇迪等多个品牌，成为国家出口重点培育品牌。

6.2.4　市场结构不断优化

长期以来，宁波家电企业成为其他家电产业圈和国际品牌的加工基地，提供零配件配套。OEM 即代工生产，持续地挖掘市场需求，形成了贴近市场的“三三制”的市场结构。自主品牌出口、OEM 和国内销售各占 1/3。2009 年，宁波规模以上家电企业的出口交货值比重达 48.3%，奥克斯、凯波集团等 11 家企业入选浙江省 2009 年家电出口十五强，在国家推行的家电下乡活动中，宁波市生产中标企业总数较高，家电产业的国内市场份额不断扩大，彰显了宁波家电产业的制造优势和区域品牌实力。

6.2.5 品牌建设初见成效

"十一五"期间,在宁波相关鼓励政策的引导下,宁波家电企业注重实施名牌战略,由贴牌生产向自主创牌,由区域性品牌向国内知名品牌发展,涌现出一批知名企业和名牌产业,目前宁波家电产业拥有奥克斯空调、方太吸油烟机、帅康抽油烟机、帅康电热水器等十多个中国名牌产品,拥有方太、富达、惠康等近 70 个中国驰名商标,有市级以上重点出口品牌 50 多个,占宁波市市级以上重点出口品牌的 30%以上,其中多个品牌被列入商务部重点出口品牌和省级重点出口品牌,宁波家电产业品牌建设取得了一定成效,宁波小家电制造基地的声誉享誉海内外,龙头企业奥克斯、方太、帅康等品牌实力突出,奥克斯 2005 年就被商务部确定为国家重点培育和发展出口品牌,2004 年以来方太、帅康先后稳居中国 500 最具价值品牌厨电行业榜首。

6.2.6 创新体系不断完善

宁波家电产业的规模在不断扩大、产业结构进一步优化的同时,企业技术创新和公共服务平台建设加快推动,产业创新体系建设不断完善。目前,宁波家电产业拥有国家级高新技术企业 29 家,宁波市级以上各企业技术研发中心 30 个,累计获得国家授权专利 6000 多项,专利授权总量和新增量均居全省前 3 位,方太、帅康、沁园、奇迪等 30 多家企业主持或参与了多项国家或行业标准的起草和制定,专利技术、品牌和行业标准已经成为宁波家电企业在国内外市场制胜的法宝。宁波先后建成了中国慈溪家电科技城、宁波塑料模具创新服务中心、宁波塑料研究院,宁波(慈溪)电器质量检测中心与智能家电设计公共服务平台等。宁波国家高新区创新港和研发园,近几年集中力量引进、创建了宁波中国科学院信息应用技术研究院、电子科技大学宁波研究院、宁波标准研究院和宁波质量研究院等一批国家、省市级科研院所,建设了集检测、认证、研发、标准一体化的产业公共服务平台,为宁波家电产业的技术创新、品牌建设、质量提升起到了重要推动作用。宁波方太集团作为中国家电业不断向机电一体化、控制智能化以及节能健康环保方向发展的领头雁,已经拥有一个技术研究院和行业唯一一个国家级企业技术中心,中国宁波国家家电电子展览会、中国慈溪家电博览会、中国余姚小家电博览会等大型家电展会已成为宁波家电产业展示和交易的重要平台。

宁波家电产业虽然已经取得了长足的发展,但仍未从根本上摆脱粗放的外延发展模式,存在着一些突出问题:缺少强势品牌带动,品牌影响力较小,缺乏核心技术,产业链掌控能力弱,缺少大企业集团,集群结构松散,关键零部件缺乏,产业链有待完善,企业治理机制有待完善,企业家成长环境需进一步优化。

6.3　家电行业调研设计及数据分析

6.3.1　家电行业调研方案设计

本次调研采用了访谈和问卷调查两种形式。

参加本次调研的人员主要是课题组成员及相关高校学生，调研时间为2013年10月1日至2013年11月30日。

6.3.2　家电行业调研数据的统计分析

本项目组对家电行业科技服务与生产外包需求作问卷调查，共发放问卷100余份，回收40份，有效问卷38份。企业对有关问题的选择情况及数据整理分析如下。

1. 企业类型

如图6-1所示，参与本次问卷调查的企业有三资企业与私营企业两种类型，私营企业所占比例达84.2%，三资企业15.8%。私营企业是三资企业的5倍多。

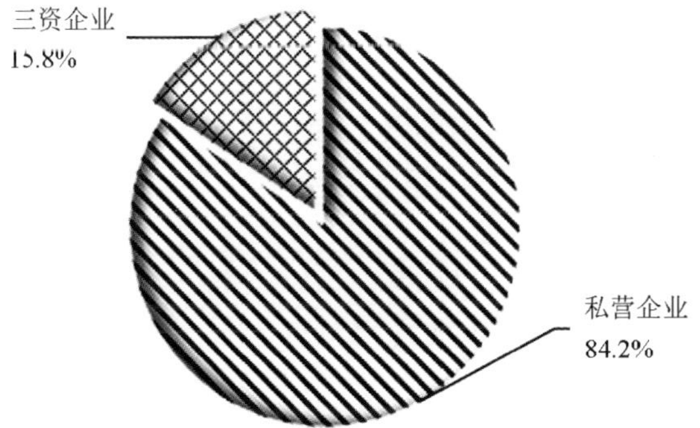

图6-1　参与问卷调查企业的类型

2. 资金的合作方式

企业在与首选合作企业在资金方面的合作方式有三种：参股、长期合作和其他。如图6-2所示，从问卷调查结果中可知，选择参股的占15.8%，长期合作的占68.4%，其他方式的占15.8%；绝大多数企业选择长期合作的方式，其比例远远超过另外两种方式。

3. 商业合作方式

企业在与首选合作企业开展商业合作时，其合作方式有市场协议、特许经营及其他等3种形式。如图6-3所示，市场协议占47.4%，特许经营占26.3%，其他合作方式占 26.3%。对数据比较分析后可知,约有半数的企业选择市场协议的方式的合作方式,但趋势并不明显。

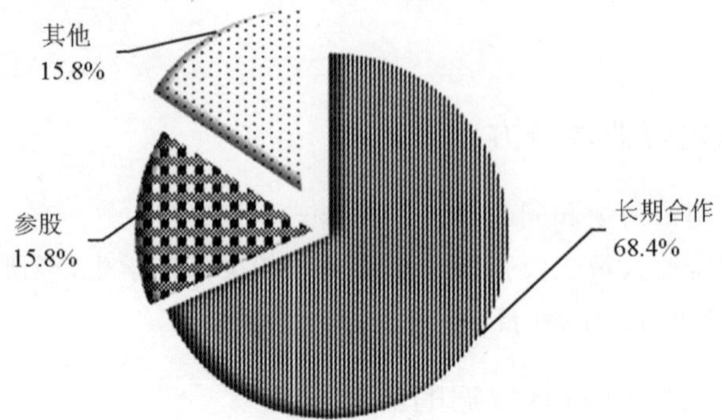

图 6-2　企业之间合作时在资金方面开展合作的方式

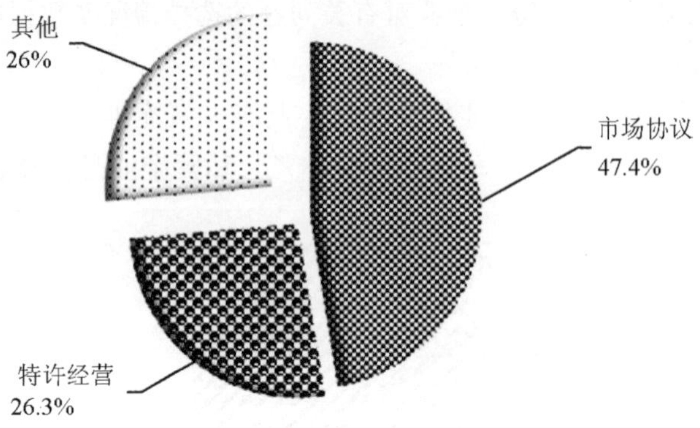

图 6-3　企业之间合作时在商业方面开展合作的方式

以下调研项目,调研企业根据实现情况可以多选,因而采用频次分析图展示。

4. 技术合作方式

企业在与首选合作企业开展技术方面合作时,合作的形式主要有:许可协议、专有技术及其他 3 种。如图 6-4 所示,选择许可协议的有 12 人次,专有技术为 20

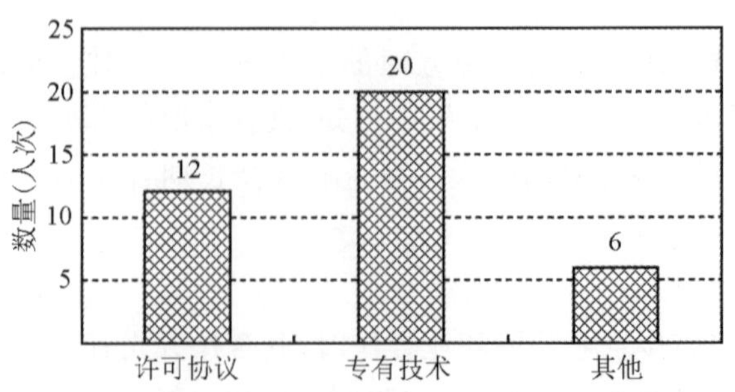

图 6-4　企业之间合作时在技术方面开展合作的形式

人次，而其他只有 6 人次。对问卷调查结果分析可知，专有技术的合作形式有一定的优势，而其他形式的比例偏低。

5．产品方面开展的合作

企业在与首选合作企业开展产品合作时，合作方式有产品分包、技术援助和其他方式。如图 6－5 所示，调查时选择产品分包的有 16 人次，技术援助有 12 人次，其他有 10 人次。分析可知，选择较平均，未显示出特别的偏好。

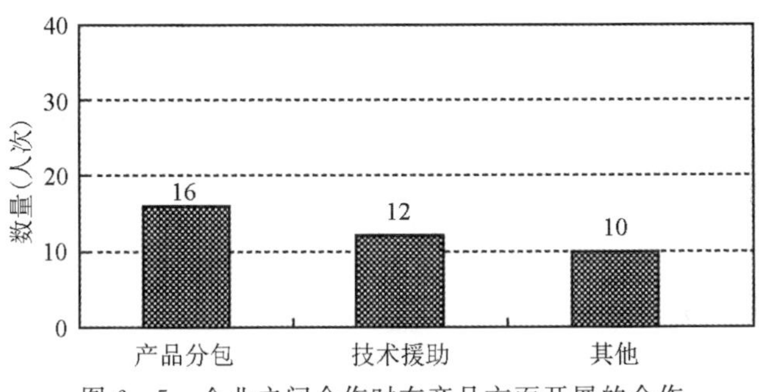

图 6－5　企业之间合作时在产品方面开展的合作

6．企业拥有研发机构与部门的情况

企业是否拥有负责研发的机构与部门：如图 6－6 所示，根据相关数据可知，选择有专职机构的有 32 人次，兼职机构的只有 2 人次，没有相关机构或部门的有4 人次。总的来说，企业一般都设有专职或兼职的机构，只有少数的企业没有设立相关机构或部门。图 6－6 反映出被调查企业普遍认可企业内部自设研发机构。

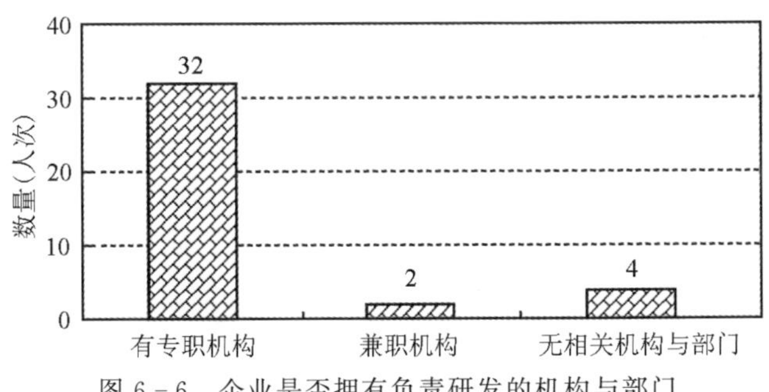

图 6－6　企业是否拥有负责研发的机构与部门

7．企业拥有或加入的科技机构类型

如图 6－7 所示，调查中，选择工程技术研究中心的有 20 人次，科技企业孵化器的有 4 人次，示范或产业化基地的有 2 人次，产业联盟的有 2 人次，其他有 8 人次。结果分析：半数以上企业加入或拥有工程技术研究中心。这也说明了工程技术研究中心这个机构比其他机构占有更大优势。

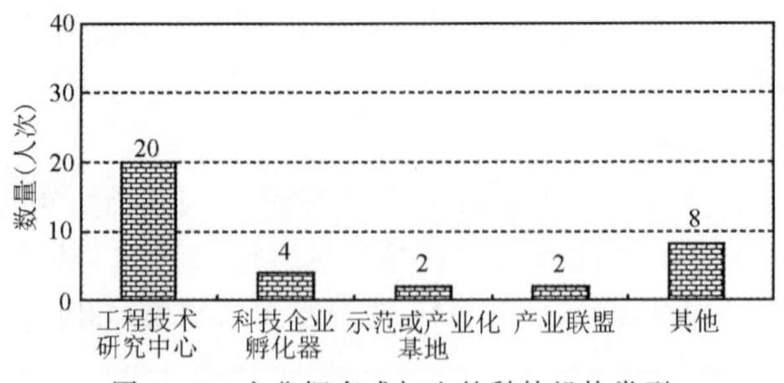

图 6-7 企业拥有或加入的科技机构类型

8. 企业急需的科技要素

如图 6-8 所示，对于当前企业急需的科技要素，选择人才和政府扶持的各有 18 人次，并列于首位，技术储备有 12 人次，资金有 8 人次，信息有 6 人次，设备则没有被选中。调查分析结果显示，企业对人才以及政府的扶持需求较大，其次是技术储备、信息和资金，对设备方面的科技服务则无需求。

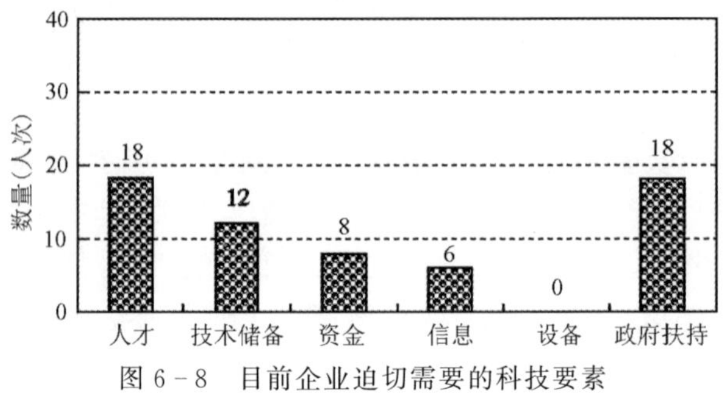

图 6-8 目前企业迫切需要的科技要素

9. 希望政府支持的具体内容

在企业希望得到政府的具体支持项目上，期望程度依次是：给予行业或地方性的政策优惠的需求最大，有 26 人次选择了该选项；其次，给予科研项目资金支持也比较期待，有 22 人次；再次，选择人才引进与培养优惠措施和政策有 18 人次；需求最小的是产业化项目资金支持，仅 14 人次。如图 6-9 所示，各选项之间的差距不是特别明显，这反映出如能够得到政府部门的支持，任何项目企业大都能够接受。

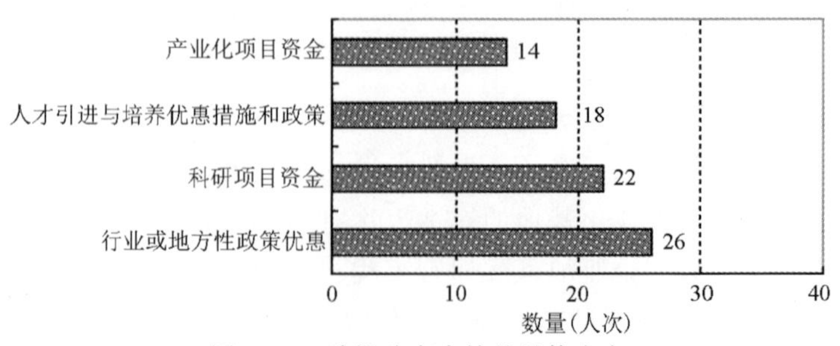

图 6-9 希望政府支持的具体内容

10. 希望得到的科技服务项目

如图 6 - 10 所示,在希望得到的科技服务项目方面,选择科技项目申报指导需求最大,有 20 人次,知识产权规划与申报的有 16 人次,科技奖励申报有 14 人次,科技成果鉴定和人才培养与培训的各有 10 人次,知识产权维权与保护和技术攻关与技术中介各有 8 人次,科技信息获取、论文发表和科技政策解读及战略发展规划各有 6 人次,科技人才及专家推荐、技术成果交易、工程技术研究中心申报指导、高新技术企业培育等项目有一定需求,但不是很大,只有 2 人次,没有一家企业对科技企业孵化器建设提出服务需求。

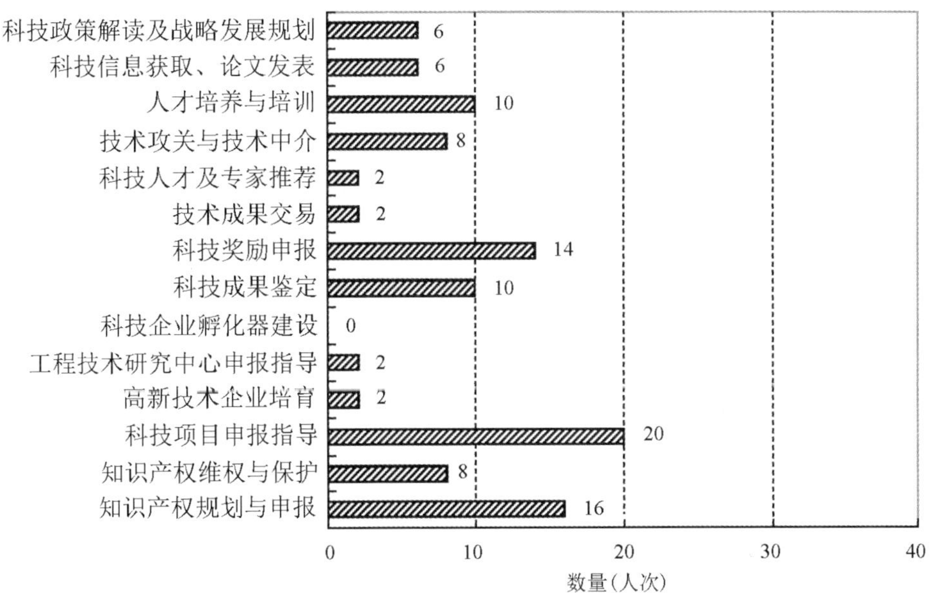

图 6 - 10　企业希望得到的科技服务项目

11. 科技服务方式

如图 6 - 11 所示,根据其中数据可知,选择服务方全程深度参与的有 26 人次,

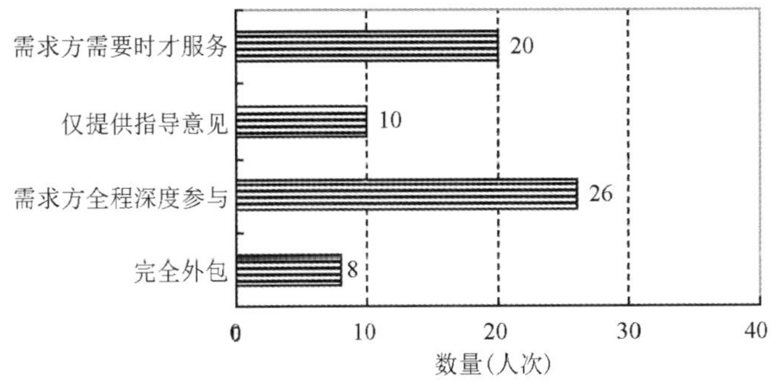

图 6 - 11　科技服务方式

选择仅提供指导意见的有 10 人次，需求方需要时才服务的有 20 人次，而选择完全外包这种服务方式仅有 8 人次。问卷调查结果显示出，多数科技服务企业偏向与需求方一起全程深度参与。

12. 科技服务渠道

企业希望通过哪些渠道得到科技服务机构的支持：如图 6－12 所示，根据其中数据可知，选专题培训的有 28 人次，上门服务的有 22 人次，互联网的有 16 人次，宣传册子的有 12 人次，电话传真和企业联盟的各有 6 人次。结果显示，多数企业最希望能够获得专题培训、上门服务。值得注意的是，被调查企业没有一家是希望通过移动设备获得支持的，这似乎有悖于手机设备在商务活动中广泛应用的现实。笔者认为，可能企业将手机一类的应用归纳到“互联网”这个选项中了，因为手机上网已成为便利的业务处理方式。

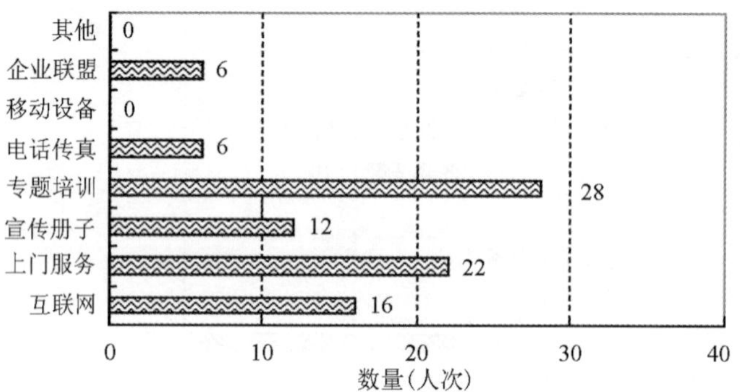

图 6－12　企业得到科技服务机构的支持所希望的渠道

13. 科技服务内容

企业最希望得到科技服务机构的支持和帮助的内容：如图 6－13 所示，根据其中数据可知，选择技术的有 22 人次，知识产权的有 18 人次，管理经验的有 12 人次，其他仅 2 人次。分析可得，企业希望获得的支持和帮助是技术，其次是知识产权，最后才是管理经验和其他。

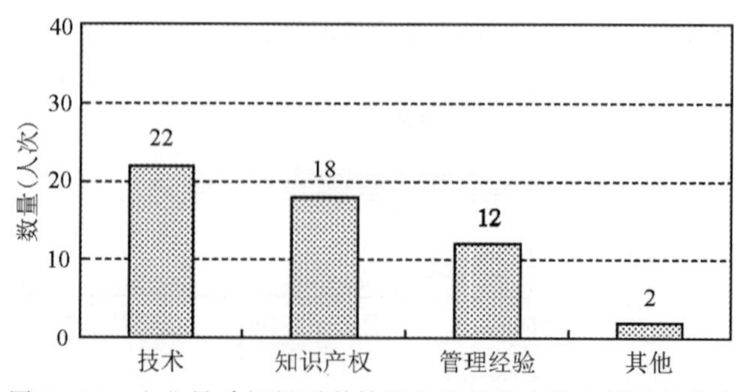

图 6－13　企业最希望得到科技服务机构的支持和帮助的内容

14. 对科技服务来源的偏好

企业最希望从哪方得到相关技术的支持和帮助：如图 6－14 所示，根据其中数据可知，选择个人的有 8 人次，研发机构的有 28 人次，同类企业的有 6 人次，其他的有 4 人次。从问卷调查结果中可知，多达 2/3 以上的企业希望从研发机构这一方得到支持。这充分说明了企业更愿意从机构而不是个人获得帮助。

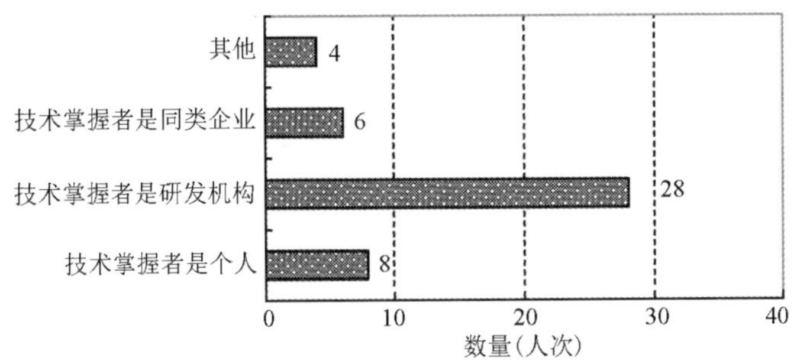

图 6－14　企业最希望得到相关技术的支持和帮助的来源

15. 技术引进方式

如图 6－15 所示，根据其中数据可知，选择技术研发委托的有 32 人次，成果转让的有 8 人次，加盟入股和其他的各有 2 人次。结果显示，绝大多数企业希望采用的技术引进方式技术委托，其次是成果转让。这充分说明了技术研发委托的重要程度。

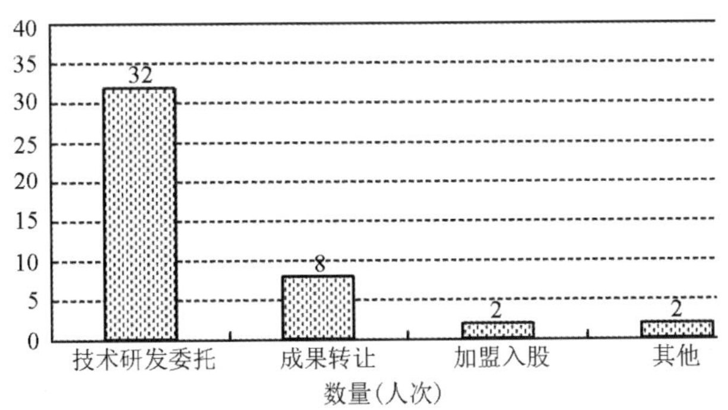

图 6－15 企业最希望采取的合作方式

16. 企业对基于互联网科技服务机构的了解程度

如图 6－16 所示，根据其中数据可知，选择知识产权服务平台的有 20 人次，科技金融服务平台占 36.84％，检测认证服务平台占 31.58％，产学研服务平台占 26.32％，宁波创新港占 10.53％，大型仪器设备共享平台占 5.26％，对生产外包服务平台和协同制造服务平台等两种则没有企业选择。从问卷调查结果中可知，多数企业是通过知识产权服务平台来了解基于互联网科技服务机构。

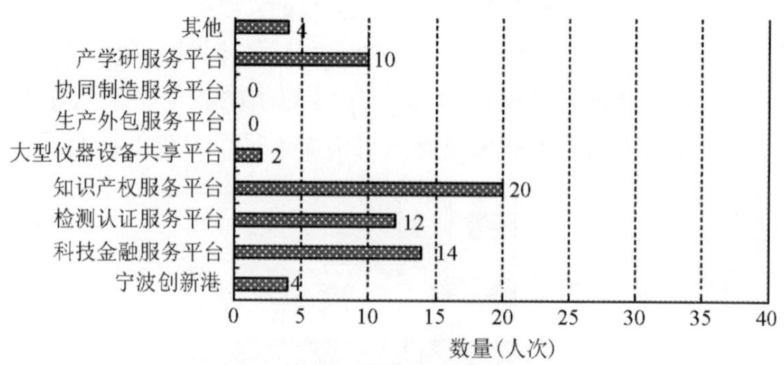

图 6－16　企业对基于互联网科技服务机构的了解程度

6.4　调研结论与建议

本次调研既有访谈又有问卷。访谈时询问了企业对科技服务平台的需求，笔者将所了解到的情况，初步整理为企业对各项目内容的需求程度及需求方向。据调查反映，一些未曾涉及过生产外包或者技术外包的企业，对于宁波市生产力促进中心将建立的科技服务平台，都表示期待，特别是对信息有较强的需求，且主要集中于信息的索取，但是在生产外包、技术支持等方面并没有表现出很强烈的需求。因此，在科技服务平台的定位及功能设置方面，都值得我们进一步研究。

6.4.1　宁波家电产业转型升级的科技服务需求问题

(1) 宁波家电产业转型升级的互联网科技服务需求主要通过科技服务平台。

宁波深入实施知识产权战略，加强知识产权管理和服务，知识产权对经济社会发展的支撑作用日益明显。宁波国民经济转型升级，总体呈现劳动密集型产业向知识密集型的产业发展的趋势。宁波家电行业，以知识产权保护为主要措施的劳动替代技术需求旺盛。调查数据显示，受调查的宁波家电企业中超过半数通过知识产权服务平台了解基于互联网的科技服务机构，居各类科技服务机构之首。由此可见，宁波家电产业转型升级对科技服务平台的依赖度之高。

(2) 宁波家电产业转型升级过程中，企业普遍重视科技，重视自身科技能力的培养。

在受调查的企业中，有专职科技研发机构的占八成；半数以上企业希望得到的支持和帮助是技术，其次是知识产权，最后是管理经验。超过三分之二的企业希望直接从作为技术掌握者的研发机构获得科技服务。八成以上的企业希望采用技术委托方式引进技术,其次才是直接的成果转让方式。

(3) 宁波家电产业转型升级,企业普遍希望得到政府的支持。

有近半数的受调查企业表示,在转型升级过程中希望获得政府支持,并希望拥有转型升级所需要的科技人才。企业希望政府给予行业或地方性的政策优惠,或者直接给予科研项目资金,以及人才引进与培养优惠措施和政策。

6.4.2 宁波家电行业未来发展目标任务

1. 发展目标

2015 年,宁波市家电产业面临转型,其结构调整的效果优先于产值的具体数值。1800 亿元、年均增长率 10%～12%只是一个个预期的数字,而显著提高宁波市家电产业的自主创新能力才是核心。为此,行业平均研发投入在销售收入中的比重要达到 3%,市级以上工程技术中心要在 45 家以上,省级以上高新技术企业 35 家以上,年申请专利 1500 件以上,新增主持制定国家标准 50 项以上,初步形成 5 家以上产值超 30 亿元、主业突出、拥有核心技术和强大品牌影响力的综合家电制造企业,15 家以上产值超 10 亿元,专业制造能力强的特色小家电生产企业,形成一批技术领先、竞争优势突出的专业化配置企业,优化产业内部资源,全面提升宁波市家电产业集群竞争力。

2. 发展任务

(1) 发挥厨卫家电品牌领先优势,提高中高档产品市场占有率

厨卫家电行业要以方太、帅康两大国内知名品牌为龙头,强化优势品牌的辐射带动作用,鼓励龙头企业通过品牌资产,渠道资源,技术研发等优势与中小企业建立紧密的协作配套关系,推动厨卫家电产业集聚发展,适应厨卫家电产业高效、节能、低噪音、清洗方便,设计新颖等消费趋势,重点发展节能环保,智能型,整体化厨卫家电的产品,利用方太建立的世界规模最大,设备最先进的厨卫实验室,鼓励企业加入技术研发投入,专注于“嵌入式”厨卫电器的开发,不断推出新产品、新技术,坚持品牌化,专业化、高端化、差异化的经营理念,在宁波市家电行业打造 1～2 个国际一线厨卫品牌,不断扩大中高端产品的专业化制造能力,尽快形成以种高端名牌产品为核心的区域特色和竞争优势。

(2) 发挥日用小家电产品出口优势,开发现代生活需求的产品

宁波日用小家电行业要以卓力、凯波、先锋、西摩登重点出口企业为核心,深入挖掘国内外市场需求的特点,开发注重外观工艺质感和智能化功能的小家电产品,不断满足多样化的市场需求。建立与国外大客户深度合作的平台,在稳定欧美日等传统出口市场的同时,不断开拓新兴国际市场,利用贴牌生产过程中取得的经多

项国际认证的技术和制造实力，以生产带研发，在生产上模仿、加工组装的同时，进行技术破译、技术革新，乃至技术创新，形成持续竞争优势，鼓励小家电企业战略联盟，加强行业自律，促进技术、人才和信息等资源共享。构建多元化市场营销渠道，提高宁波小家电的国内市场占有率。

(3) 开发高效、节能、环保的大家电产品，满足更新换代需求

大家电行业要以奥克斯、惠康、韩电、飞龙、金帅、吉德、新乐等企业为龙头，以技术创新和品牌提升为突破口，以资本渗透、科研合作等形式与掌握核心技术及生产专利的国际一线品牌建立战略联盟，加快开发符合低碳、环保的高效能空调和变频空调，开发大容量、多湿区、多门、智能化的绿色冰箱，开发滚筒洗衣机、波轮全自动洗衣机等科技与时尚创新相融合的高端产品，通过技术创新提高传统产品的附加值并提高产品档次，依托"奥克斯"驰名商标和"奥克斯空调"等中国名牌产品，发挥优势大家电品牌的辐射带动作用，鼓励知名品牌拓宽产品线，提高知名品牌产品的市场覆盖率，重点培养 2～3 家在战略、技术、组织和管理方面具有综合实力、跨国经营能力和先进价值观的大家电企业，提升宁波大家电产品的市场竞争力。

(4) 发挥水家电行业技术优势，加快饮用水处理设备产业化

水家电行业要以沁园、浪木、奇迪、心连心等企业为龙头，充分发挥行业的技术创新优势，重点开发智能饮水机，中空超滤膜，亲水膜净水器，健康水设备，一体化净水系统等高端产品，积极参加国家或行业标准制度，规范饮用水内胆标准和生产工艺标准，继续把握行业标准的话语权，以中国水处理行业的领航企业——宁波沁园集团为依托，提升"沁园"的品牌认知度和美誉度，一品牌地位的提升带动出口市场发展，加快节能型饮水深度处理系列设备的产业化，为消费者提供世界一流的水处理产品和健康饮用水解决方案，推动优势企业实施积极的"走出去"战略，在核心技术、销售渠道等战略性资源上掌握主动权，争取培育形成 1～2 个水家电行业的国际知名品牌。

(5) 加强关键零配件生产扶持和引导，完善产业配套体系

家电零配件行业要以浪迪、德努希制冷科技、普洱机电等企业为龙头，提高风机叶轮、冰箱压缩机、变频减速离合器等关键零部件的生产能力，加强与国内外知名家电品牌企业的交流与合作，建立家电零部件标准信息平台，及时了解电源线、插头插座等家电配件产品的国际技术标准，增强配件生产企业的技术开发能力，加快引进高档电机、空调压缩机、微电脑控制器等关键核心零部件生产企业，通过关键零部件的技术创新带动家电产品创新，充分发挥宁波家电零配件企业的低成本优势和快速市场反应能力，以完善的产业配套体系支撑宁波家电产业转型升级。

(6) 优化产业布局，加快推进宁波家电产业集群建设

着力巩固和提升慈溪、余姚和鄞州工业园区三大品牌家电产业基地。在未来的发展中，余姚、慈溪两大家电集聚区要加强区域统筹和企业间合作，注重两地政策的协调，促进家电产业集聚，充分利用两地企业的资源、技术优势，搭建技术合作、信息共享的交流平台。加强对龙头企业的扶持力度，促进企业发展壮大，建立龙头企业在全国的优势地位，进一步整合中小配套企业，完善家电产业链，完成产业集聚升级，建成品牌优势明显、配套能力强的综合家电产业集聚区。将慈溪家电产业基地打造成中国家电产品出口基地、中国家电采购基地、智能家电特色产业基地、浙江省集群化发展示范产业。将余姚家电产业基地打造成小家电制造基地和国际大型零售超市定点采购基地、"家电产业·浙江余姚"国家新型工业化产业示范基地。将鄞州工业园区家电产业基地打造成中高端品牌家电生产基地，数字化、智能型家电研发基地，中国绿色家电行业展览交易基地。

第7章 纺织服装行业的调研分析

7.1 纺织服装行业调研的背景

纺织服装产业信息网联盟就是集合行业内最优秀的信息服务机构，通过联盟成员单位之间分工合作，对纺织主要产业集群地、交易市场、重点企业、科研机构、大专院校、行业协会等地区和单位所拥有丰富的行业信息资源进行挖掘、整合，消除信息孤岛现象，充分发挥其各自在信息资源方面的优势和特色，实现相互之间的信息共享。

产业信息网联盟的核心是所有成员单位的信息能够有效地在联盟的成员网站上流动，能让众多企业在第一时间获取准确、有效的信息，因此必须规范产业信息网联盟共享信息的服务内容。

1. 联盟共享信息服务的初步建设阶段的共享信息内容

- 综合信息服务(国际国内行业资讯、行业经济运行、政策法规、行业预警)；
- 电子商务信息服务(价格行情、供求信息、中国产品进出口信息、美国纺织产品进口信息)；
- 科技信息服务(科技信息、标准质量、人才信息)；
- 企业信息服务(分行业的企业信息库)；
- 重点纺织原料和产品价格指数发布体系建设。

2. 产业信息网联盟的成员组成

加入纺织产业信息网联盟的成员单位须具备一定的基础，并有提供公共服务的条件：

- 全面反映行业经济运行情况和国家政策导向的行业门户网站；
- 对纺织特定行业有深入研究，特点突出的专业网站；
- 在重点产业集群地，对企业覆盖能力较强的公共信息平台；
- 对国内纺织服装产品流通产生重要影响的重点专业市场的信息服务平台；
- 代表性的科研机构、代表性的大专院校；

● 在国内纺织服装生产中有代表性和市场份额大的重点企业。

目前加入中国纺织产业信息网联盟并正式开展工作的信息服务机构有：中国纺织经济信息网、中国经编信息网、中国化纤经济信息网、中国绸都网、开平纺织网、国际童装网、中国童装城、南方纺织网、叠石桥家纺网等。

产业信息网联盟成员能够发展壮大的基础就是发挥个性化服务，突出在专业领域里的优势。同时，通过整合联盟成员的信息资源，强化成员单位的个性化特点。树立其专业服务的优势，联盟成员之间的信息共享是技术解决方案中的关键。产业信息网联盟的主要技术解决方案提供者中纺网络公司在信息共享技术方面有深厚的技术和知识的积累，目前解决方案已付诸实施，正在中国纺织经济信息网和中国经编网、开平纺织网、南方纺织网之间进行实际运行测试。

7.2　宁波纺织服装行业现状

宁波纺织服装行业的特色较为鲜明，其龙头企业雅戈尔集团股份有限公司早在 2004 年年底便开始实施“ERP 生产管理系统”。该系统目前已涵盖了销售、产品开发、生产计划、车间、实化验、质量、仓库、财务、人力和设备等各个环节，广泛应用于产品数据管理、生产计划管理、质量管理、财务管理、人力资源管理、设备工具管理和车间生产作业管理等方面。

1. 宁波纺织服装行业服装产业集群的特点

(1) 产品特色鲜明

宁波市服装产品主要集中在西服、衬衫和外贸针织衫三类，占全部服装总量的 95%以上。

(2) 产业集聚度高

宁波市本身就是个服装产业集群地，在辖区内又集聚了各具特色区域群落，如鄞州和奉化以西服、衬衫为主；北仑、象山和宁海以针织服装为主。

宁波市最具有代表性的产业集群区域是从鄞州的东钱湖镇至石碶镇的鄞县大道一线与从石碶镇到奉化江口的宁奉路一线共同组成的一块“L”形走廊，该区域已成为我国生产品牌男装的最重要的产业集群。目前，已集聚了几十家具有相当规模和品牌效应的知名服装企业。集群总产值超过百亿，其中不仅有杉杉、雅戈尔超大型企业集团，也有罗蒙、培罗成、布利杰、洛兹、太平鸟等著名企业。

2. 宁波纺织服装行业服装产业集群的基础及优势

(1) 产业规模持续增长，效益显著

服装业保持稳定增长。第一，规模企业数量持续增长；第二，服装工业总产值连续上升;第三,产业地位不断提高。服装业效益保持良好状态。主营业务收入毛利率保持在 16%以上,维持在较高的水平。

(2) 国际贸易势头强劲,国际化经营开始起步

宁波市服装出口势头强劲,纺织服装业出口交货值持续增长。集群内大型企业从被动接单,发展为主动开拓海外市场,分别在日本、美国、南非、法国等国设立销售机构,尝试在全球建设销售网络,并购国际服装企业。

(3) 男装制造特色明显,服装产品覆盖面广

1) 宁波市服装产品以男装为特色,由市经委抽样调查的企业样本显示,男装企业个数占 53.47%,女装企业占 22.86%。服装门类从传统梭织男装向品种多元化的时尚休闲领域延伸。

2) 西服生产向多样化、高档化方向发展。宁波市已是高级西服成衣制造基地。

3) 针织服装国内领先。申洲集团和巨鹰集团等企业是我国最具竞争力的针织服装制造商,象山针织集群是我国最具影响力的针织生产基地。

4) 服装产品结构不断调整。童装、休闲装、女装、牛仔、内衣等丰富了宁波市的服装产品品种。服装在品种和档次上全面覆盖,形成了产品多元化和系列化格局。

(4) 品牌建设全国领先,品牌战略成效显著

宁波市服装企业品牌意识较强,一批企业实施品牌发展战略、综合品牌战略和品牌多元化战略。宁波市服装注册商标已达 3000 余件,拥有纺织服装类中国名牌 20 个(其中服装类 14 个)、中国驰名商标 25 个(其中服装类 16 个)。

(5) 商业模式不断创新,产业升级各具特色

宁波市服装业是国内服装业的先驱之一,正在努力探索各种商业模式。深度参与和嵌入国际服装产业链,整合产业链,实施纵向一体化、打造国际品牌采购商等新型模式不断涌现。

1) 杉杉集团努力成为国内一流服装品牌采购商,与日本伊藤忠,意大利法拉奥、鲁比昂姆,法国雷诺玛以及法国高级时装公会等国际著名的服装企业与机构合作,目前拥有各类服装品牌 22 个。杉杉正向服装产业价值链源头发展。

2) 雅戈尔公司建设有最完整的纺织服装产业链,既将产业延伸至棉花种植、纺织等服装上游产业,也向下游渠道发展,在全国设有 400 多家自营专卖店、2000 余个商业网点。

3) 申洲国际打造一流针织服装制造商。集团专注生产纵向一体化业务模式,将所有生产工序,从面料织造、染色与后期整理、印绣花,甚至裁剪及缝纫集中在同一工业区内,有效提升工艺技术与制造水平,策略性地为客户提供一站式优质服

务,努力嵌入国际服装产业链中,成为具有全球竞争力的针织服装制造商。

(6) 纺织产业基础雄厚,给予服装业大力支持

服装业的发展需要纺织业提供面料、辅料的支持,宁波市纺织产业发达。目前,宁波市已成为全国最主要的色纺纱生产基地、重要的针织业基地和服装辅料生产基地。宁波市纺织业与西服及其套装、衬衫和针织服装的生产配合紧密,形成较为完整的产业链。

7.3　纺织服装行业的调研设计及数据分析

7.3.1　纺织服装行业的调研方案设计

本次调研采用了访谈和问卷调查两种形式。参加本次调研的人员主要是课题组成员及相关高校学生,时间为 2013 年 10 月 1 日至 2013 年 11 月 30 日。

本项目组设计问卷的主要依据是往年的问卷调查以及国内外同类问卷调查的经验和资料,内容涉及被调查人年龄、工作岗位、企业经营方式等基本信息,以及企业生产外包情况、科技工作现状、科技服务需求等,同时也了解企业发展的首要任务、企业信息化的升级改造等情况。

7.3.2　纺织服装行业的调研样本的初步分析

1. 被调研对象的基本状况

调研对象以纺织服装行业纺织服装企业的普通女性员工为主体,年龄为 18～25 岁、26～34 岁以及 35～44 岁,这是分析下面数据的一个基础和前提。

2. 纺织服装行业的科技服务

调查结果分析,调研对象在工作的时候运用到科技服务的占 8.88%,知道科技服务平台的仅占 12.71%,近半数的人没有接触和了解过科技服务平台。

3. 企业今后努力的方向

被调研人员中,尽管有 61%,即超过半数以上的人员都感觉到公司已经在网上销售过产品,但只有 32%的人认为合理发挥了科技信息的作用,认为信息化服务平台的运营模式的运用对公司的利润的影响不大的占 38.78%。

综上所述,纺织服装企业的普通女性员工对科技信息服务平台的作用认识模糊,对科技服务平台的了解不够普及。因此,宁波市有关部门应该加大建设和推广科技服务平台的力度,发挥创新科技信息的功能与作用。

7.3.3 纺织服装行业科技服务平台创新需求的调研数据分析

本次调研，总共发放 150 份问卷，回收 130 份。其中，有效问卷 98 份，占 75.38%；无效问卷 32 份，占 24.62%。

1. 调查对象的年龄结构

如图 7-1 所示，被调查人员中，年龄在 18 岁以下的占了 14.29%，18～25 岁的占了 31.63%，26～34 岁的占了 27.55%，35～44 岁的占了 26.53%。从中可以知道，18～25 岁的人员所占的比例最大，其次是 26～34 岁的人员，所占比例最少的是 18 岁以下的人员。

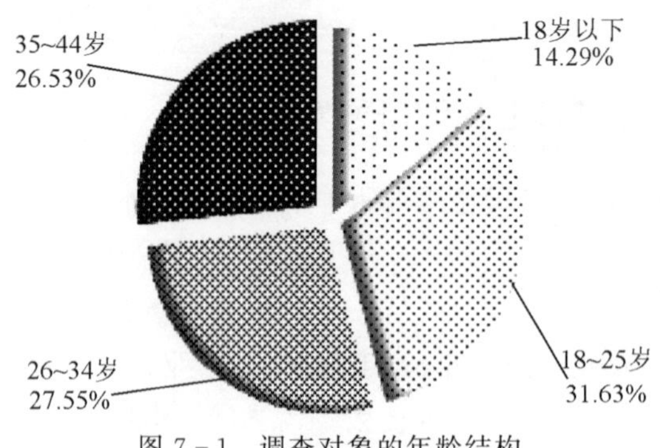

图 7-1　调查对象的年龄结构

2. 调查对象的性别比例

如图 7-2 所示，被调查人员中男性占了 37.76%，女性占 62.24%，女性所占的比例是男性 2 倍不到(见图 7-2)。

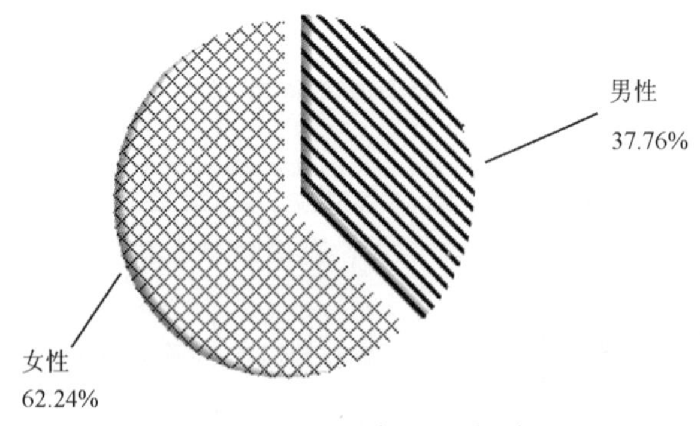

图 7-2　调查对象的性别比例

3. 调查对象的岗位结构

如图 7-3 所示，此次被调查人员中，管理人员占 8.16%，营销人员占12.25%，普通员工 76.53%，设计人员占 3.06%。样本中，普通员工所占的比例最大，其次是市场营销人员，设计人员所占的比例最小。

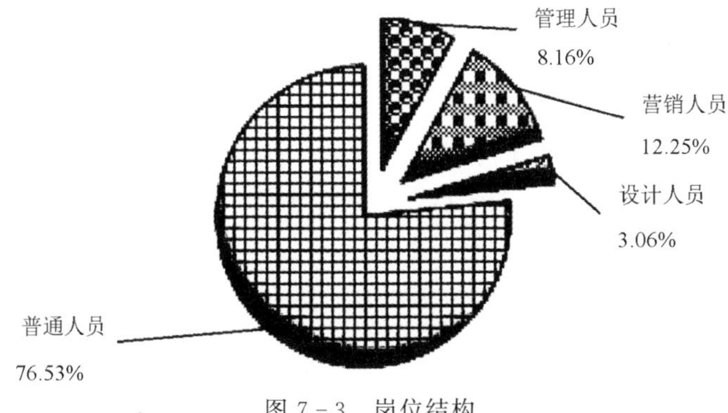

图 7－3　岗位结构

4. 是否有网上经营平台

针对公司是否已经有网上经营平台，如图 7－4 所示，从问卷调查反馈的数据可知，已经有网上经营平台的占 61％；无网上经营平台的占 39％。根据结果显示，超过半数以上企业的都已经有网上销售过产品的经验。

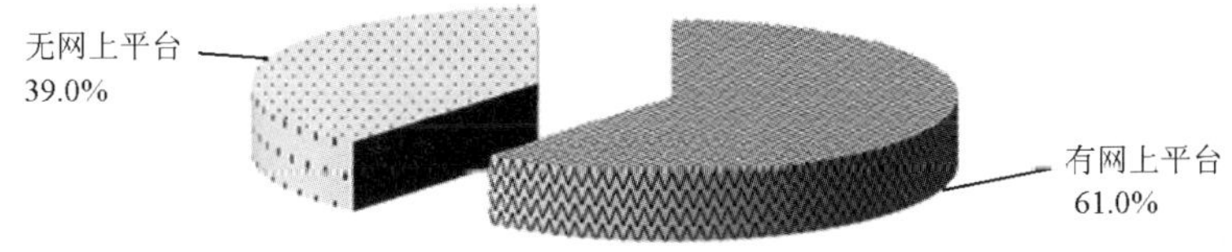

图 7－4　是否有网上经营平台

以下调研项目，调查对象根据实现情况可以多选，因而采用频次分析图展示。

5. 对公司竞争优势的认知

如图 7－5 所示，在对公司优势的认知方面，认为所在公司具有地理优势的有 25 人次，认为管理者领导有方的有 12 人次，认为具有科技信息优势的 12 人次，认为具有劳动力优势的 53 人次。调查数据显示，普遍认为公司具有劳动力优势，认为公司的收益主要依靠劳动力。

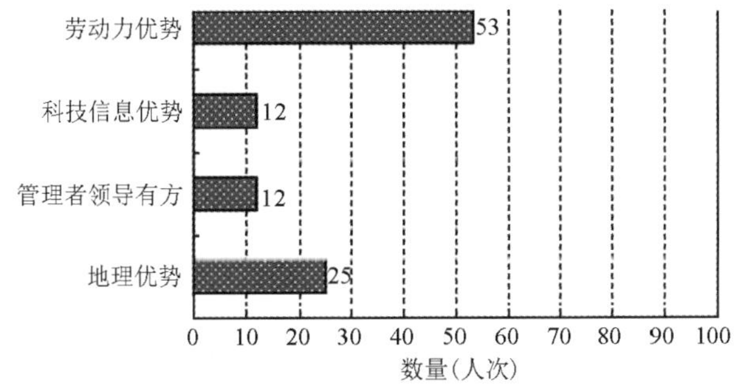

图 7－5　对公司优势的认知

6. 对公司竞争劣势的认知

如图 7－6 所示，在对公司劣势的认知方面，认为工厂技术有待提高的有 43 人次，认为创新意识有待提高的有 12 人次，认为获取市场信息水平有待提高的有 21 人次，认为缺乏科技手段的有 22 人次。根据统计结果可以知道，大多数人认为自己工厂设备或者技术有待提高，其次是获取市场信息的水平有待提高，接着是缺乏科技手段，只有极少数人认为创新意识有待提高。

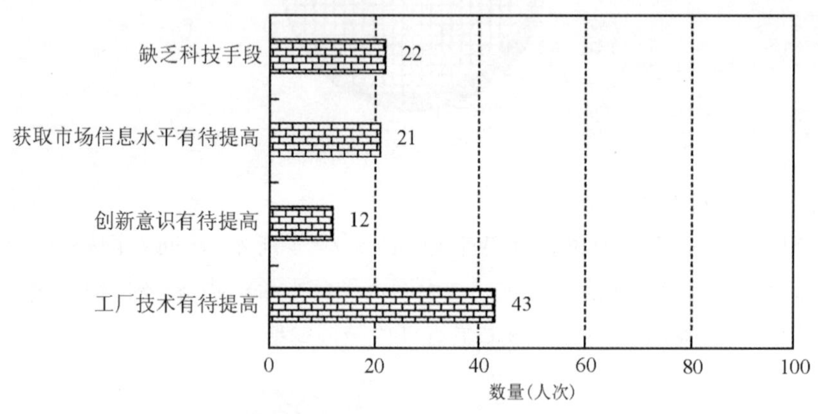

图 7－6　对公司劣势的认知

7. 纺织服装企业信息化的限制因素

限制纺织服装企业信息化建设的因素有哪些：如图 7－7 所示，根据数据可知，认为技术风险大的有 57 人次，认为缺乏高素质人才的有 49 人次，认为缺乏资金投入的有 41 人次，认为缺乏政策支持的有 10 人次。

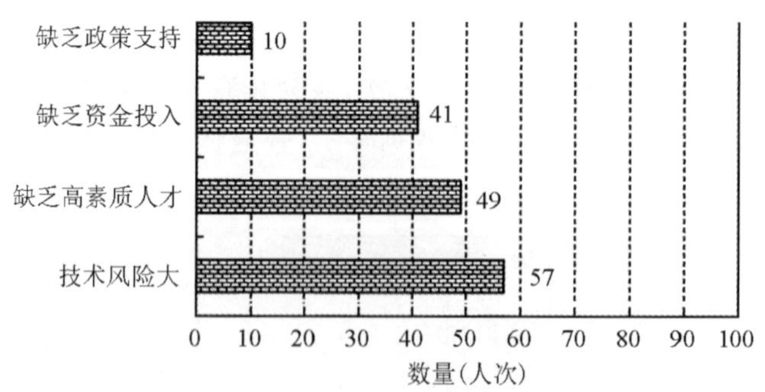

图 7－7　纺织服装企业信息化的限制因素

8. 信息平台的价值

如图 7－8 所示，根据其数据可知，针对信息化服务平台对公司利润的影响方面，认为服务平台基本没价值的的有 10 人次，认为价值不大的有 38 人次，认为价值一般的有 22 人次，认为有很大价值的有 28 人次。从中可以知道，认为信息化服务平台对公司利润的影响不大的人员占多数。

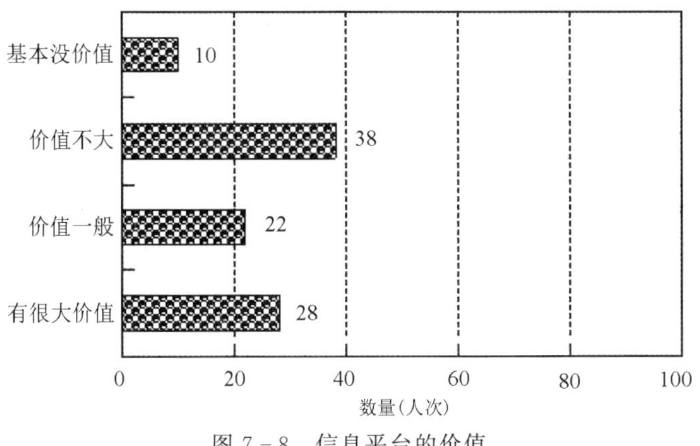

图 7-8　信息平台的价值

9. 纺织服装企业面临的首要经营问题

如图 7-9 所示，根据其中的数据，认为企业需要转型升级的有 36 人次，认为企业需要稳健发展的有 40 人次，认为要提高员工素质的有 12 人次，认为要加大科技投入的有 10 人次。由此，我们发现认为企业需要稳健发展的人数最多，其次是转型升级，选择其他选项的人则不多。

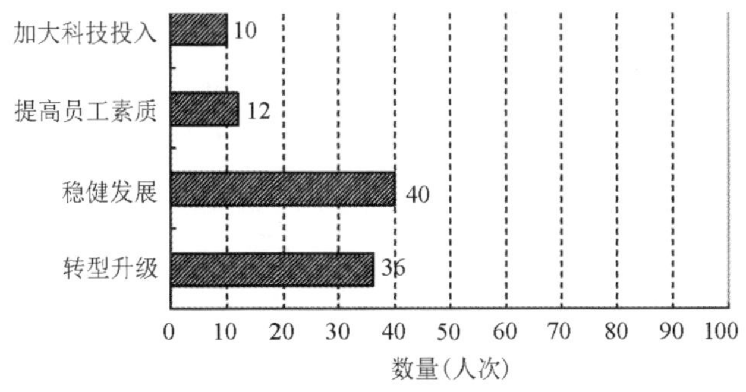

图 7-9　纺织服装企业面临的首要经营问题

7.4　调研结论与建议

宁波纺织服装行业存在以下主要问题。

1. 科研费用投入较低，新产品产值率有待提高

服装业新产品开发经费占主营业务收入的比重每年均有提高，但此经费比重

仍低于全市企业新品开发经费所占比重。

2. 企业之间协同、协作关系较弱，集群网络优势有待提高

产业集群的竞争优势源于区域内中小企业的分工协作，纺织服装企业专注各自的加工环节，品质精益求精。而目前宁波市服装集群还未能形成有效的网络，大型企业相对独立，自成体系；中小型企业也在建设独立的生产与营销体系。企业之间协作和相互提携发展不足，由此造成产品设计相互模仿，产品雷同，集群内企业的协作关系成为竞争关系。

3. 偏重产品品牌，对企业品牌和区域品牌的认识有待提升

品牌作为商标，其原始功能是在市场上突显出企业及其产品的独特性。宁波市服装企业相当重视品牌建设，杉杉、雅戈尔等品牌知名度极高。但多数只关注产品品牌，较少重视区域品牌和企业品牌（商誉）的建设。订单生产型企业通常认为自己是贴牌生产，无需创立品牌，其实企业产品的质量、交货及时性、客户服务的周全性等商誉都属于品牌特征，制造商可通过创立企业品牌保持竞争力。产业集群中的企业如果能共同自觉维护产地的声誉，就能创立区域品牌。区域品牌的设立可以使区内的小企业分享品牌的影响力。服装产业集群唯有全方位地建设区域品牌、制造商品牌和产品品牌才能突显其品牌价值。

4. 营销体系尚不成熟，未能掌控服装产业价值链的源头

服装价值链属于采购商驱动型，它的核心竞争能力或价值附加能力源自流通环节。对此，宁波市服装企业已有意识，并正在着力建设营销服务体系。目前，巨型服装企业都在积极地组建分销渠道，设立销售公司，收购百货公司，向服装终端渠道方向发展，但要成为国际服装采购商仍需努力，在国内外市场还未能占据服装产业价值链的源头。

5. 用人成本持续上升，专业人才缺乏

宁波市服装业普遍感受到人员紧缺和劳动力成本上升的困扰。服装业人均工资福利增长幅度高于全市工业平均水平，工资福利占主营业务成本的比重高于全国与全市工业的水平。

产业的竞争最终是人才的竞争。宁波市企业除了熟练工数量较为紧缺外，还缺乏技术开发、服装设计、品牌营销、国际贸易和跨国经营专业人才，人才缺乏制约了企业能力的提升。

从纺织服装企业信息化需求角度看，目前纺织服装企业生产部门需要精确分析每个产品的生产进度、在制与库存的数量关系、产品质量，并根据客户需求准确确定生产计划，以便达到降低在制品和库存，加快物流周转的目的；可以动态监控生产过程，及时反映生产加工进度；可以大幅度地缩短生产计划的编制周期，赢得适当的生产准备提前期，提高生产组织与生产调度的工作质量和工作效率；能快捷

准确地安排产品的最终装配计划，使企业形成较强的柔性化生产能力，有效地确保产品交货期，从而增强企业的市场反应能力。

以往，企业研发人员都是手工从事产品设计开发，不但要做大量的数据记录，还要做大量的计算和设计构思工作，单据记录和计算错误的现象经常发生，并且同类或者类似的产品也只能重新手工做单，这无疑会耗费更多的人力和时间，这些工作的工作量往往比设计构思的工作量还大。一年下来，成山的报表让人望而生畏，更别说分类产品规格和产品开发趋势的分析。

运用信息技术生成的产品设计单的计算方便、易于修改，并且具有很强的翻单能力，尤其是采用参数化技术可更方便地根据用户需求做变型设计。目前，信息技术已经广泛运用于纺织服装公司的产品设计开发过程，可以大大地提高产品设计的开发能力。完善的统计分析，提高了纺织服装企业对客户需求的认识，增强了产品开发的分析和预测能力，更好地把握了市场脉搏。

在企业的质量管理和成本控制过程中，纺织服装企业通过计算机等技术手段，充分掌握影响质量控制和成本控制的波动因素，再针对这些波动信息和异常数据采取有效的预防和纠正措施，充分地提高产品质量，降低产品的制造成本。通过运用信息技术，质量改进反映能力大幅提高，从而提高产品质量和合格率。

毛纺产品生产流程长、工艺复杂，原材料、半成品的管理以前一直是困扰企业的一个难题。公司需要建立起由计算机信息系统控制的仓储系统，完善和提高企业的物流仓储管理水平，有效加强库存管理和控制，优化库存结构以降低库存30％，产销率应提高 3％，减少流动资金。

仓储系统的运用，加强了物流和信息流的优化集成，以便最大限度地保证公司物流、信息流在公司业务的各流程中实现同步化，并借助信息化的手段将其程序化、制度化，防止人为因素造成的管理失控。通过全线联机，实现物料快速、准确地出入库。保证物流与信息的一致，实现与企业管理信息系统的整合与自动控制。

企业信息化是一项涉及面广、资金投入大的系统工程，是促进企业体制创新、技术创新和管理创新的重要手段，企业信息化实施的过程也是企业不断完善、不断拓展、不断提升的过程。要使 ERP 系统真正有效地发挥作用，必须有企业高层领导的充分重视、参与以及必要的组织保证。

第 8 章　机械基础件行业的调研分析

8.1　机械基础件行业调研的背景

8.1.1　支柱地位突出，产业规模不断壮大

“十一五”以来，宁波市装备制造及机械基础件行业不断发展强大。截至 2009 年年底，宁波市装备制造及机械基础件企业达到 6508 家，从业人员达 93.9 万人。2009 年实现规模以上工业总产值 3284.0 亿元，工业销售值 3165.5 亿元，出口交货值 1306.3 亿元，利润总额 174.2 亿元，新产品产值 830.9 亿元，资产合计3385.3 亿元，分别占全市规模以上工业总量的 39.7%、39.35%、58.6%、37.7%、64.8%和 41.4%。

8.1.2　产业特色明显，市场竞争优势增强

宁波市装备制造及机械基础件行业已在全国同行业中形成一批具有明显区域竞争优势的产业和产品。注塑机、金属冲压模、液压元器件、船用中速柴油机、粉末冶金制品、高压输变电设备、液压搬运车、微小型轴承、水表、长寿命电能表、光学仪器、电动工具等四十多种装备产品的市场占有率均居全国第一位，具有较强的市场竞争力。

8.1.3　专业配套加强，产业集群优势明显

“十一五”期间，宁波市着力提高企业专业化水平，强化产业链配套协作，完善公共服务平台，逐步形成了一批在国内甚至国际上具有较强影响力和竞争力的产业集群。宁波市拥有中国最大的注塑机生产基地（北仑、鄞州的塑料加工设备产业群），是中国三大模具生产基地之一（宁海、北仑和余姚等地的模具产业群），是我国主要汽车零部件生产基地之一（以吉利汽车、华翔集团、圣龙集团等为龙头的汽车及零部件产业群），是我国重要修造船基地之一（北仑、象山港区域的修造船产业群）等。

8.1.4　研发投入增大,创新能力不断提高

“十一五”期间,宁波市装备制造及机械基础件行业的科技活动经费支出逐年增加,科技投入力度不断加大。人才总量和人才质量不断提高。截至 2009 年 1 月,全市装备制造及机械基础件企业有科技活动的单位数为 1562 家,其中科技活动人员为 43825 人。全市装备制造及机械基础件行业有中高级技术职称人员为 9308 人,占所有科技活动人员的 21.2%。从科技创新的产出来看,2008 年装备制造及机械基础件行业实施科技项目 5060 个,其中新产品开发项目为 4559 个,R&D(研究开发)项目为 2806 件。专利申请数为 1010 件,其中发明专利达 268 件。截至2009 年1 月,宁波市装备制造及机械基础件行业拥有发明专利 354 件,占全市工业行业发明专利总量(2368 件)的 15%。

尽管宁波市装备制造及机械基础件行业已经具有一定的产业基础和优势,但总体来说还存在一定问题,主要表现为大型企业集团数量相对较少,平均企业规模偏小;人才结构不够合理,中、高端人才相对缺乏;外观设计专利多,发明专利较少,技术创新能力有待加强;产品以一般机械装备为主,高技术含量和高附加值的产品相对较少。宁波的机械基础件行业以紧固件行业为主,所以以紧固件行业作为机械基础件行业的代表进行研究。

8.2　宁波紧固件生产行业的现状

宁波紧固件产品主要有螺栓、螺母、弹簧垫圈、牙条、高强度连接件、高档建筑装潢五金件、异型件、汽车零部件等,2011 年 4 月,中国工业协会授予宁波“中国紧固件之都”称号。产品应用范围涵盖了高效清洁发电设备、高档轿车及重载卡车、轨道交通装备和船舶石油化工、工程机械和农业机械、冶金矿山设备、电子专用设备及新兴产业、高端装备制造业、奥运会“鸟巢”工程、杭州湾跨海大桥、舟山跨海大桥、铁路时速 600 千米以上的动车组、京沪高铁、南京长江大桥、军工等国家省市重点工程。2010 年宁波市紧固件销售额达 171 亿元,占全国的 27%,产量 160 万吨。经过多年发展,宁波紧固件已经形成门类较为齐全、规模较大、产品档次高、具有一定竞争力的产业体系,是我国最重要的紧固件生产和出口基地。宁波市紧固件规模以上企业达 168 家,销售收入上亿元的企业达 34 家,80 余家企业销售额在 5000 万元以上,从业人员约 3 万人。2010 年销售额达 171 亿元以上,占全国总量的 27%,排名全国第一,外贸出货值 6.1 亿美元。

紧固件是装备制造业中的关键零部件,其发展水平直接关系到整个装备制造

业的振兴。宁波市十分重视紧固件产业的发展，紧固件产业是宁波市的传统优势产业。在中国机械通用零部件工业协会的长期关心支持下，宁波市紧固件产业持续快速健康发展，产业综合实力和核心竞争力显著增强，产业规模集聚度和区域品牌知名度不断提高，现已成为国内乃至全球重要的紧固件制造基地。宁波地区集聚了一批有相当规模、综合素质良好的紧固件生产企业，是我国目前最重要的紧固件生产和出口基地，品种规格多，量大面广，为航空航天、兵器、机械制造、交通运输、建设工程、冶金、石油化工、电力能源、电子通信、轻工纺织等装备提供配套，并广泛应用于社会生活的各个方面。

经过多年的发展，宁波市紧固件产业已经形成门类较齐全、规模较大、具有一定竞争力的产业体系，连续多年保持年均 20%以上增速。宁波市生产的紧固件产品技术档次处于较高发展水平，紧固件可满足国内外各类客户的需求。

近年来，宁波市政府把紧固件产业作为宁波重点发展、优先扶持的主导产业来抓，出台了政策导向、税收优惠及推动自主创新等专项奖励的一系列政策，为紧固件产业持续、健康发展营造良好的社会环境。宁波紧固件产业将以重大装备需求为依托，坚持发展高强度紧固件产品，进一步提升产业集中度和创新能力，实现产业从大到强的新跨越。2013 年，协会年销售额达 184 亿元，产品产量 211 万吨，约占全国 28%，出口值达 12.7 亿美金，销售收入上亿元企业 33 家，出口创汇500 万美金以上企业 30 余家，获国家新科学技术企业 7 家，获国家、省、市名优新产品 61 个，获省名牌 6 家，获市名牌 8 家，镇海紧固件获浙江区域名牌，获中国驰名商标 5 家，获省、市著名商标 16 家。有一家企业参与国际标准制定，有 7 家企业参与 25 项国家标准制定，共有 18 家企业拥有 831 项产品发明、实用专利，有国家级实验室2 家，浙江省技术中心企业 1 家，市级技术中心企业 11 家。宁波紧固件行业不但规模居全国前列，而且创新能力也在不断提升。

8.3 机械基础件行业调研设计及数据分析

8.3.1 机械基础件行业调研方案设计

本次调研采用了访谈和问卷调查两种形式。样本选取采取典型抽样调查方法，项目组选取 46 家整机企业和 74 家机械基础件企业两组调查对象，作为对比分析样本。

参加本次调研的人员主要是课题组成员及相关高校学生，调研时间为 2013 年 10 月 1 日至 2013 年 11 月 30 日。

本次设计的问卷内容涉及企业经营现状、企业对信息化的认识、企业信息化的基础、企业信息化应用状况、企业信息化的成效、企业未来的信息化发展计划等方面。

8.3.2　机械基础件行业调研数据的统计分析

在机械基础件企业与整机企业经营现状方面、信息化基础、信息化应用、信息化效果、信息化发展计划及整机企业对政府支持信息化的期望方面等的调查数据如下(百分数为各选项企业数占 120 个样本的比例)。

1. 企业类型

调查结果显示,受调查企业类型中私营企业占较大比重(见图 8－1)。

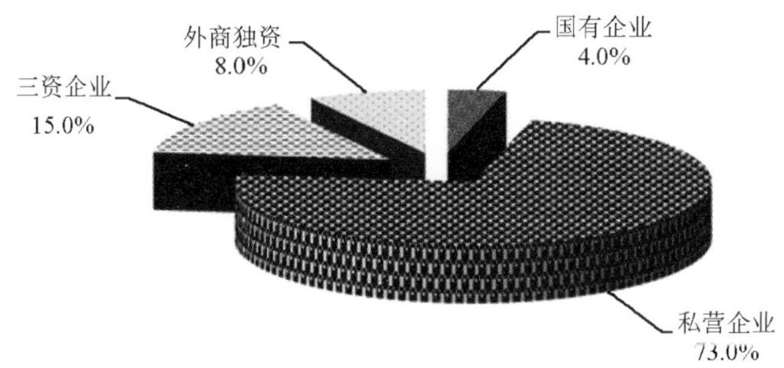

图 8－1　受调查企业的类型

2. 企业规模

调查结果显示企业规模中小型企业占绝大部分,大型企业数量较少(见图 8－2)。

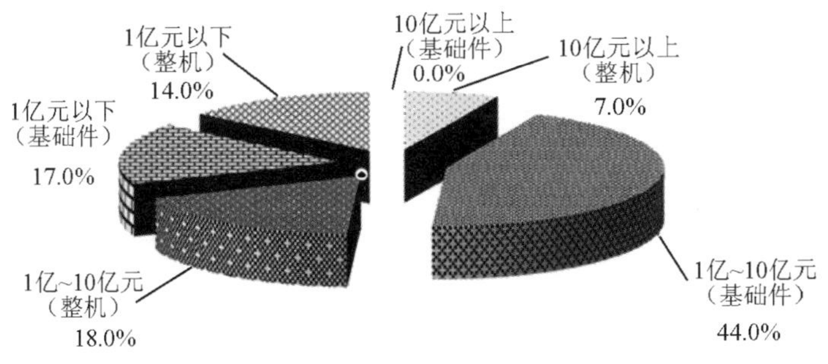

图 8－2　企业规模

3. 生产计划

调查结果显示,无论是整机企业还是机械基础件企业,大部分企业都是按订单生产(见图 8－3)。

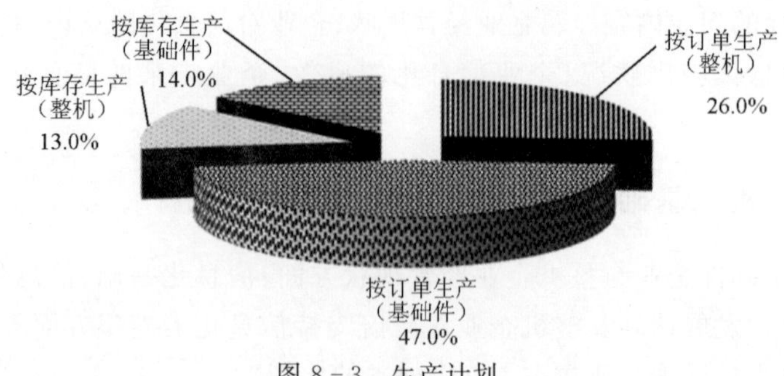

图 8-3　生产计划

4. 信息化必要性的认识

在机械基础件企业与整机企业对信息化不同认识方面的调查数据如图 8-4 所示。调查结果显示，企业普遍认可企业信息化对企业发展的支撑作用(见图 8-4)。

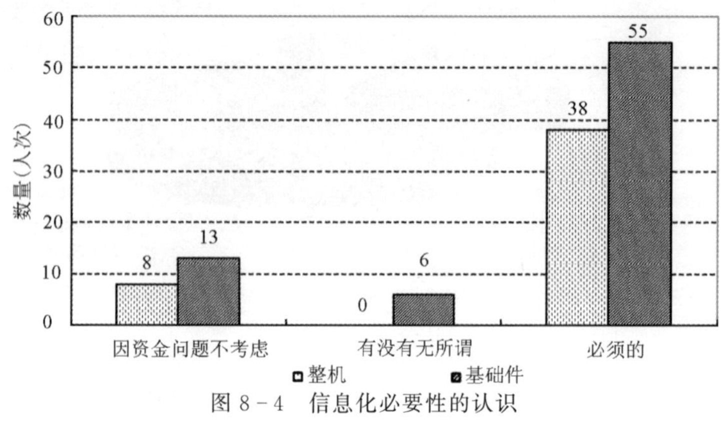

图 8-4　信息化必要性的认识

5. 企业信息化的投资安排

调查结果显示，大部分企业认为扩大生产和引进设备的投资优先级高于信息化建设和人才招揽(见图 8-5)。

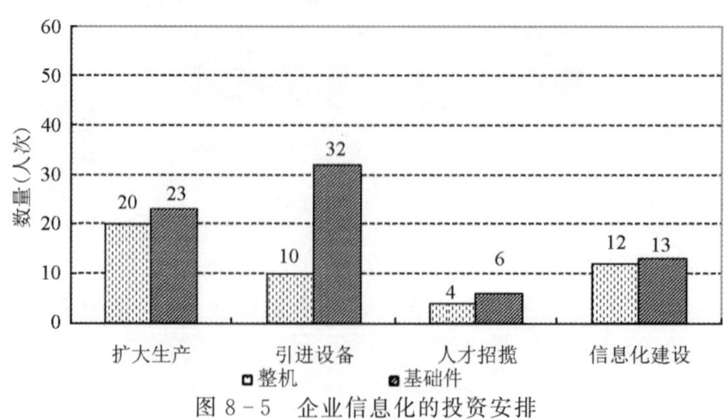

图 8-5　企业信息化的投资安排

6. 信息化的思想基础

调查结果显示，整机企业与机械基础件企业对信息化重视程度有较大的差距（见图 8－6）。

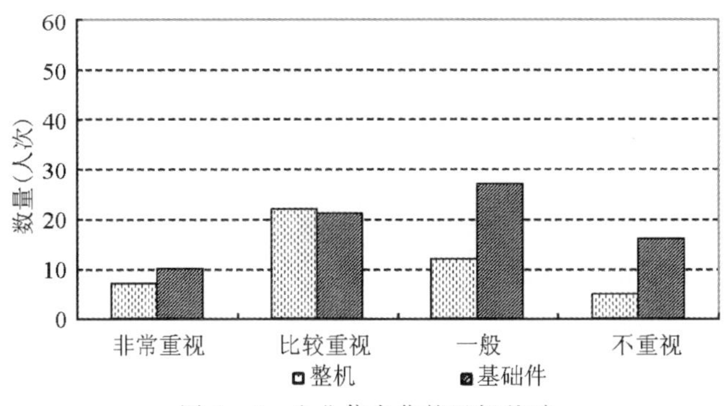

图 8－6　企业信息化的思想基础

7. 信息化的学习基础

调查结果显示，定期组织信息化培训的企业数量很少（见图 8－7）。

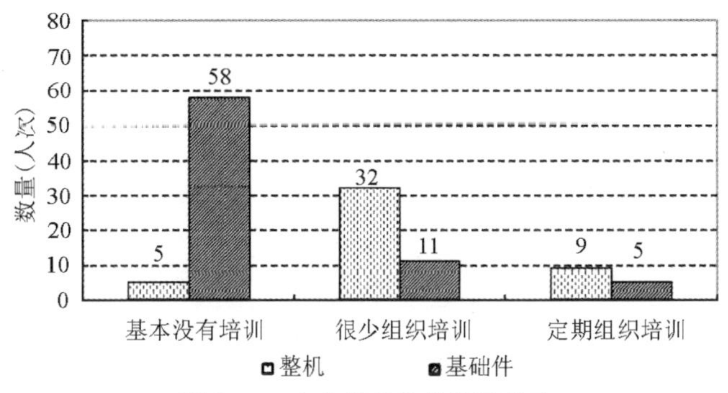

图 8－7　企业信息化的学习基础

8. 网络连通情况

调查结果显示，企业网络应用比较普遍（见图 8－8）。

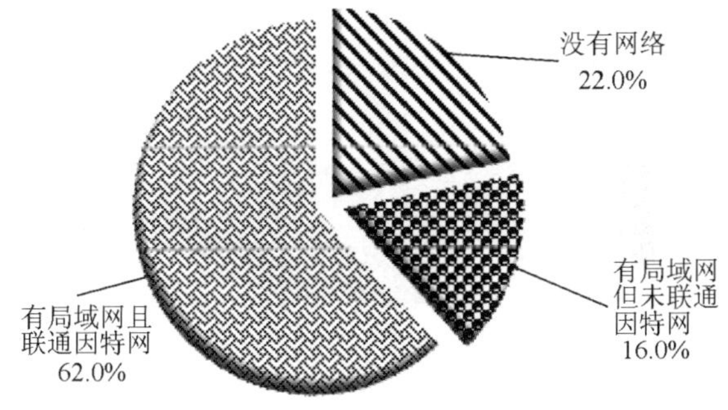

图 8－8　网络连通情况

9. 企业信息化导入的主要影响因素

调查结果显示，客户需求和政府引导对企业信息化导入有较大的作用(见图 8-9)。

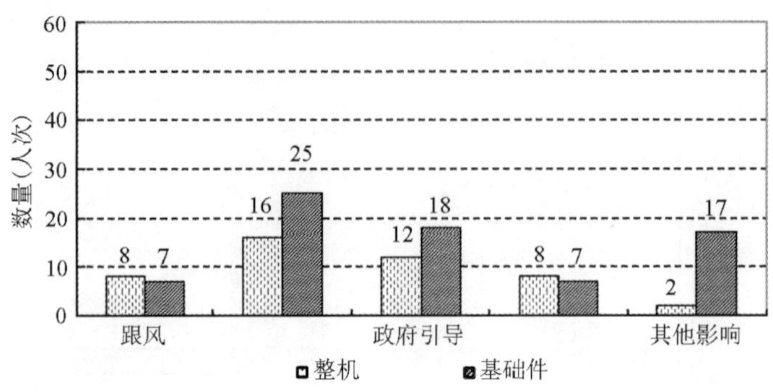

图 8-9　企业信息化导入的主要影响因素

10. 企业信息化应用程度

调查结果显示，整机企业信息化应用程度明显比机械基础件企业要高，大部分机械基础件企业应用程度较低(见图 8-10)。

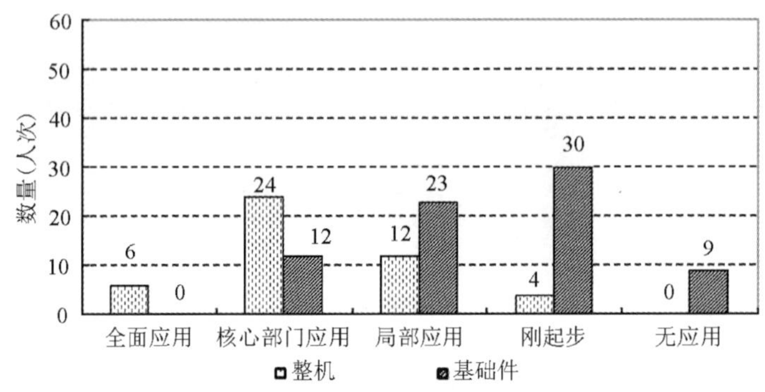

图 8-10　企业信息化应用程度

11. 企业信息化投资力度

调查结果显示，样本企业中由于机械基础件较多，总体上企业对于信息化投资力度还是偏小(见图 8-11)。

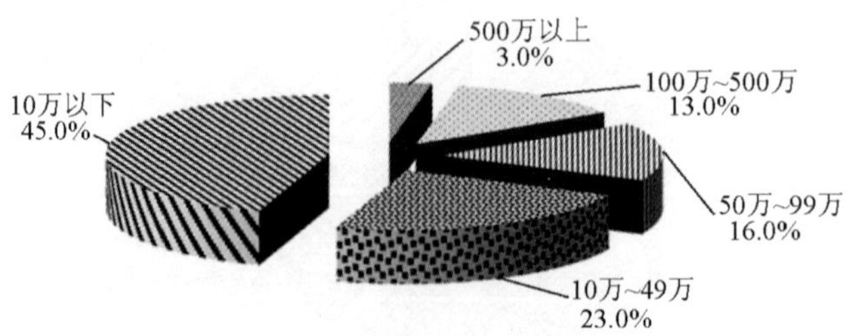

图 8-11　企业信息化投资力度

12. 企业信息化投资方向

调查结果显示，近两年整机企业信息化投资方向偏向于应用及集成服务，机械基础件企业信息化投资方向偏向于覆盖面广的基础应用(见图 8-12)。

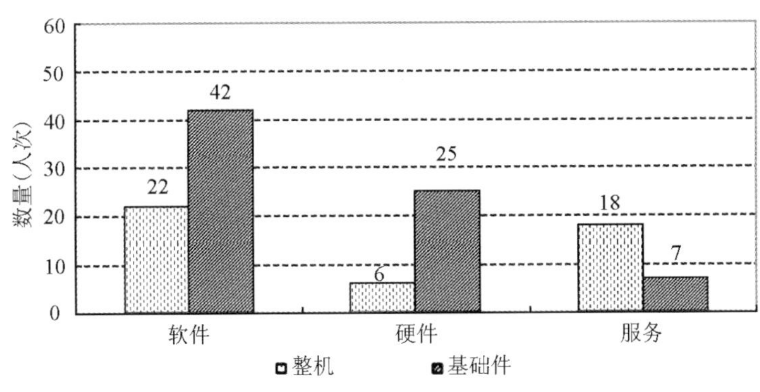

图 8-12　企业信息化投资方向

13. 企业信息化应用领域

调查结果显示，整机企业信息化应用领域比较均衡，机械基础件企业则侧重于技术与制造(见图 8-13)。

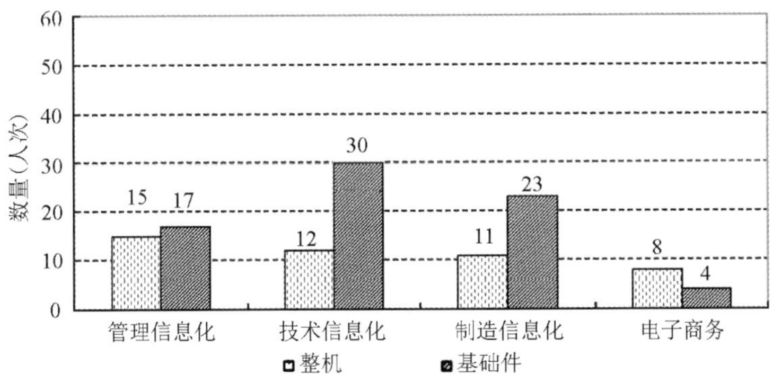

图 8-13　企业信息化应用领域

14. 管理信息化应用水平

调查结果显示，整机企业管理信息化应用水平普遍达到中级，机械基础件企业普遍处丁初级或无应用的状态(见图 8-14)。

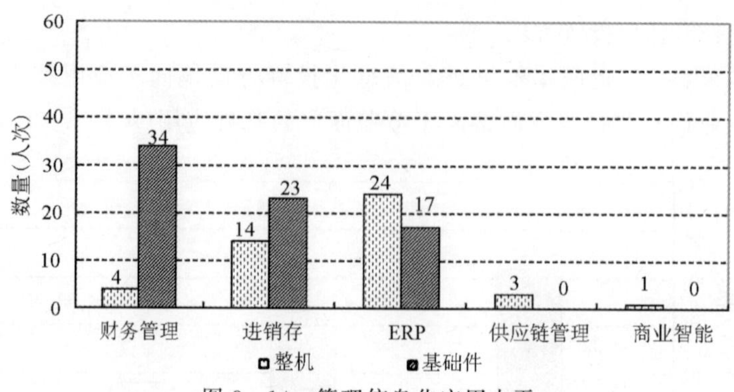

图 8-14　管理信息化应用水平

15. 技术信息化应用水平

调查结果显示,机械基础件企业技术信息化应用水平较低或无(见图 8-15)。

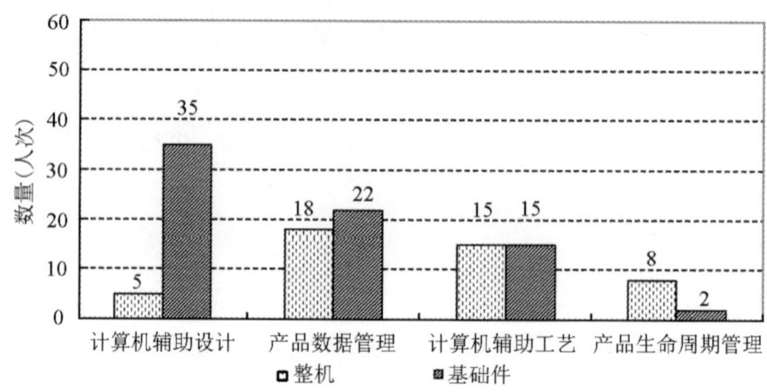

图 8-15　技术信息化应用水平

16. 制造过程信息化应用水平

调查结果显示,生产设备自动化为企业普遍采用(见图 8-16)。

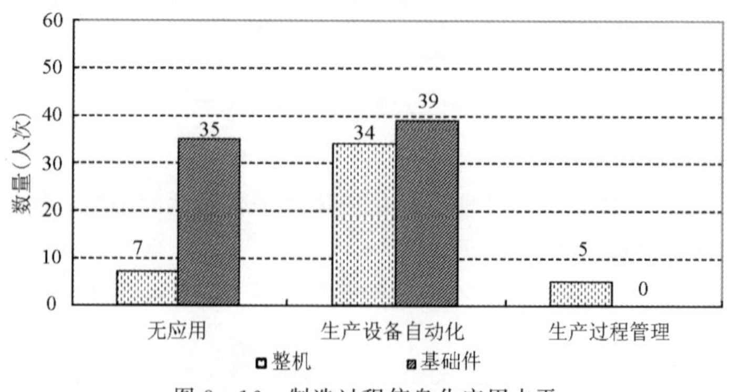

图 8-16　制造过程信息化应用水平

17. 电子商务应用水平

调查结果显示，企业普遍采用独立企业网站和与电子商务门户合作的方式（见图8-17）。

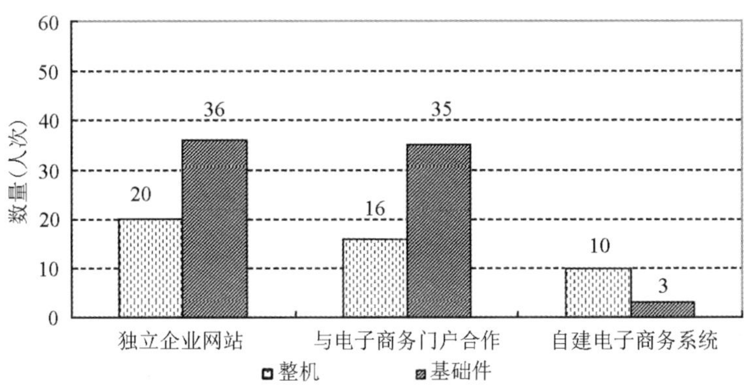

图8-17　电子商务应用水平

18. 数据交互即时性

调查结果显示，企业级数据交互即时性普遍较低（见图8-18）。

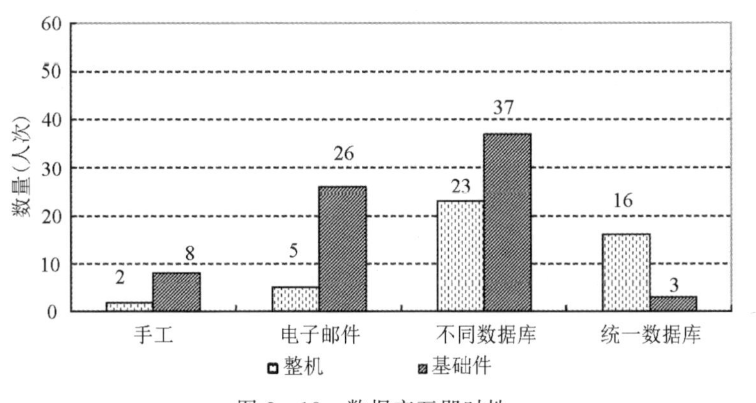

图8-18　数据交互即时性

19. 信息化降低企业成本的效果

调查结果显示，信息化在降低企业成本方面的作用主要体现在减少库存积压和能辅助精确报价上（见图8-19）。

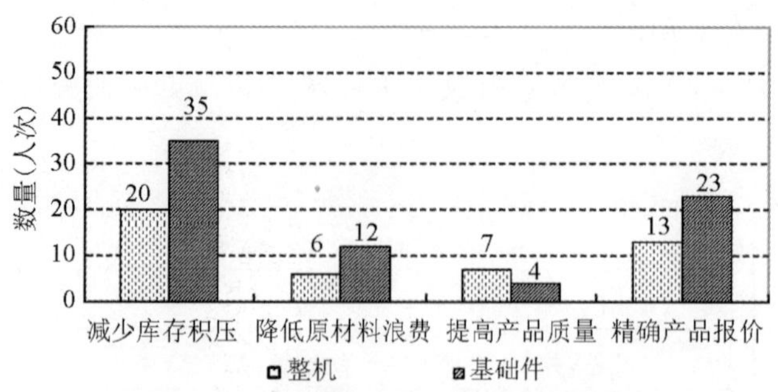

图 8-19　信息化降低企业成本的效果

20. 信息化提高效率

调查结果显示,信息化对企业提高效率的主要作用体现在生产计划执行率提高和促进业务流程规范化上(见图 8-20)。

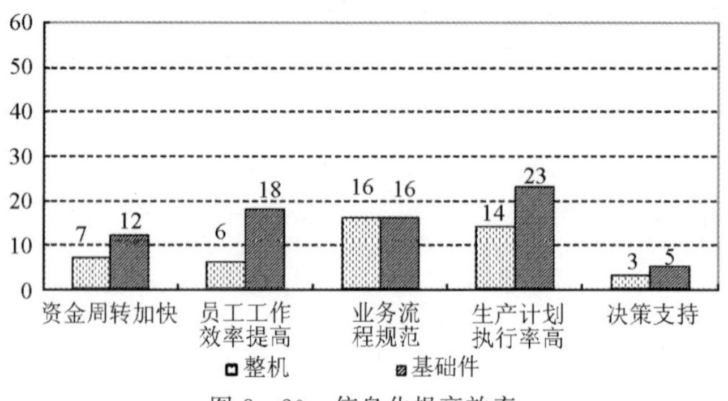

图 8-20　信息化提高效率

21. 企业信息化建设规划

调查结果显示,普遍企业信息化规划先行的意识还未形成,也缺乏专家及专业服务机构的支撑(见图 8-21)。

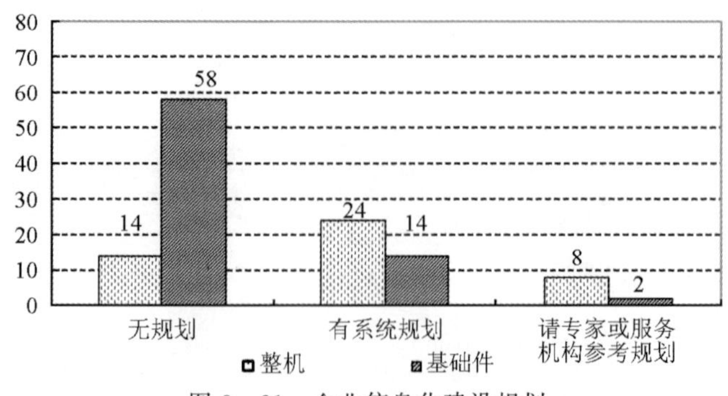

图 8-21　企业信息化建设规划

22. 企业信息化预期内容

调查结果显示，整机企业倾向于供应链管理系统，机械基础件企业倾向于进销存、协同办公等基础管理应用系统（见图8－22）。

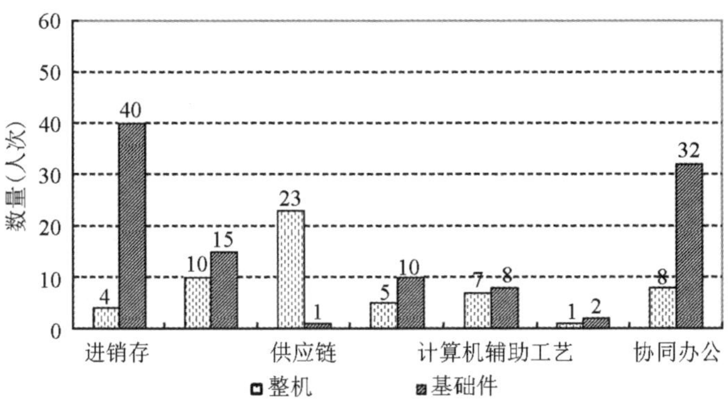

图8－22　企业信息化预期内容[①]

23. 企业享受信息化政策情况

调查结果显示，普惠性政策是大部分中小型企业所能够享受的政策（见图8－23）。

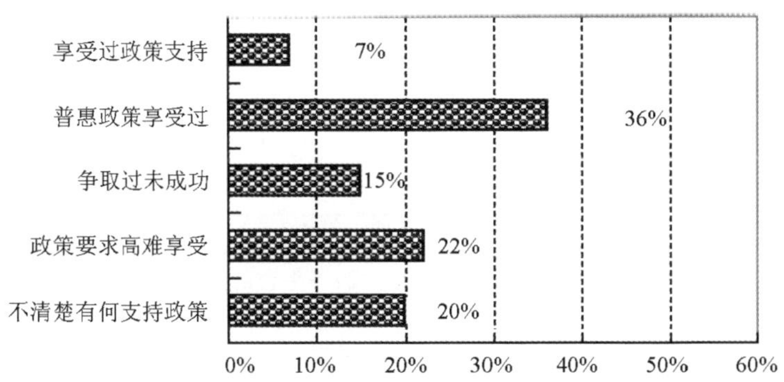

图8－23　企业享受信息化政策情况

24. 企业对政府支持信息化的期望

调查结果显示，样本企业大部分为中小型企业，企业认为政府支持中小企业信息化的政策应加大力度，并且希望形式多样化，尤其是建设信息化公共服务平台、组织信息化培训等（见图8－24）。

① 本选项，受调查企业根据实现情况可以多选，因而采用频次分析图展示。

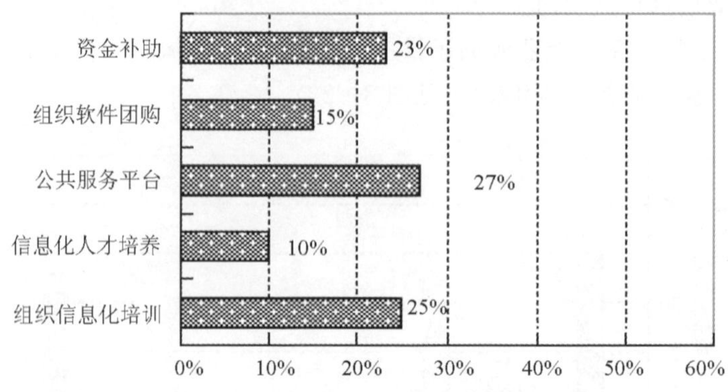

图 8－24　企业对政府支持信息化的期望

25. 行业信息化公共服务平台的建设部门

行业信息化公共服务平台的建设：调查结果显示，企业普遍认为应该通过政府引导，由专业机构和实体企业参与行业信息化公共服务平台的搭建（见图 8－25）。

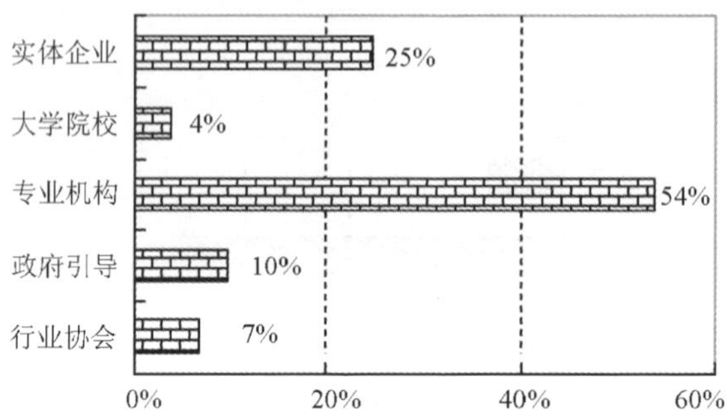

图 8－25　行业信息化公共服务平台的建设部门

8.4　调研结论与建议

8.4.1　宁波市装备制造及机械基础件行业信息化存在的问题

装备制造及机械基础件行业作为宁波市的特色优势支柱产业，任何创新活动必将成为其他产业效仿的标杆，因此抓住良好发展趋势，优先通过信息技术广泛的应用实现“两化”融合来加速产业结构调整和产业转型升级，这对保持产业的优势地位是很有必要的。同时，应该充分认识到目前应用现状所存在的问题，并采用适当的措施进行调整。此时，政府更应起到引导、带动、推进等积极作用。

1. 中小企业信息化投资意识普遍需要加强

对于发展中的中小企业来讲，扩大产能及引进先进的设备是更加容易快速见成效的投资，虽然企业也认可信息化对于企业发展支撑的必要性，但是在反倾销、金融危机、节能降耗等形势下，企业更愿意把有限的流动资金投向快速见效的方向。

2. 企业导入信息化还是比较被动

根据调查，大部分企业由于客户要求、管理混乱或跟风等因素导入信息化，并且信息化建设普遍缺乏规划。特别是机械基础件企业，产品都是为整机企业配套服务，订单的变更和不确定都能导致企业生产计划及采购计划的变化，由此缺乏信息化手段支撑，将会使企业非常被动，甚至失去重要客户。另外，信息化应用程度较高的整机企业对配套企业信息化建设的带动作用非常明显。

3. 信息化投资强度普遍不高，应用程度偏低

相对于整机企业，机械基础件企业由于资金缺乏、信息化投资意识差，信息化投资强度普遍较低，应用水平也大多处于信息化初级应用阶段。

4. 信息化应用领域参差不齐，信息集成度低

整机企业在管理信息化、技术信息化、制造信息化及电子商务应用方面均有涉及，机械基础件企业普遍停留在制造信息化的自动化制造，管理信息化、技术信息化、电子商务应用非常少。企业内部“信息孤岛”普遍存在。

5. 信息化推进体制上的问题

样本企业大部分为私营企业，均存在家族式管理模式的诸多弊端，信息化是一项管理规范化要求非常高的项目，由此可见在广大的私营中小企业推进信息化工作的难度。

6. 对信息化应用成效缺乏科学的认识

根据样本企业对信息化应用成效的描述，较多停留在减少库存、辅助报价等初级业务上，而忽视了决策支持、企业发展战略支撑等长远效益。

7. 企业信息化对产业提升促进作用不明显

大部分企业的信息化仅仅支持企业内部应用，在现今广域网、4G 网络、物联网等网络新环境下，产业上下游的集成应用还比较少，由此对促进产业全面提升作用不明显。

8.4.2　相关建议

装备制造及机械基础件产业是“两化”融合的重要载体。反之，传统装备制造及机械基础件的产业升级迫切需要信息技术的带动和改造；高新技术产业的发展

更需要高效率的信息化活动作为持续推动力。加强装备制造及机械基础件产业“两化”融合总体思路：将信息技术、自动化技术、现代管理和质量控制技术等先进技术与传统制造技术相结合，带动研发设计方法创新、制造工艺创新、管理控制模式创新、技术协作路径创新。实现产品研发、设计制造和资源管理信息化，生产流程控制智能化，制造加工集成数控化，咨询维修服务网络化，全面提升装备制造及机械基础件产业的综合竞争力。

“十三五”期间，要重点发展现代研发设计技术、生产流程控制技术、企业资源管理技术和电子商务应用技术等四大领域。

现代研发设计技术方面，重点鼓励企业引进计算机辅助设计、计算机辅助制造、计算机辅助工艺规程设计、计算机辅助装配工艺设计、计算机辅助工程分析、逆向工程、系统建模与仿真、虚拟设计和制造、协同设计、产品数据管理、产品知识管理、产品生命周期管理等技术。

在生产流程控制技术方面，重点鼓励引进可编程逻辑控制器、计算机数控、分布式控制系统、现场总线控制系统、制造执行系统、自动识别技术、柔性制造系统和计算机集成制造系统等产品和技术、产品检验和质量控制技术等。

在企业资源管理技术方面，重点鼓励企业资源管理系统、客户关系管理、业务流程重组、供应链管理、市场监控、精益生产、精细化管理、决策支持系统等技术。

在电子商务应用技术方面，重点鼓励企业引进企业门户网站与产业链协作电子商务平台的集成应用。

综上，本次调查数据基本反映了宁波市装备制造及机械基础件产业的信息化现状，以及为推进产业提升所需要努力的方向。作为信息化专业服务机构，更应该充分意识到“两化”融合不仅仅只是口号，而应该是方向，是目标。为此，提出以下对策措施：

1）由政府、行业协会组织企业管理者参与产业信息化论坛、培训、沙龙、组织考察等形式多样的活动，通过信息化成效显著的企业现身说法，让广大企业意识到信息化投资的必要性，从而合理分配投资方向，让信息化尽快融入企业生产经营中，支撑企业又快又好地发展壮大。另外，通过连载报道、协会会刊等多渠道从背景、规划、组织、实施、成效评估等阶段来介绍信息化成功案例。

2）借助现有或制定相关政策充分发挥产业带动作用，积极引导整机企业把信息化延伸到产业链中，从而促进广大中小型机械基础件企业的信息化建设，让中小企业的信息化由被动接受向主动诉求转变。

3）鼓励并支持产业信息化公共服务平台建设，在普遍缺乏资金的状况下降低广大中小企业信息化跨入门槛。借鉴“两甩工程”成功经验，由政府出面组织行业应用软件团购，把企业信息化应用向企业销售、采购、生产、研发等业务核心部门推进。

4）引导企业信息化建设由按需推进向规划先行、分步实施转变，组织专家及专业机构为企业提供信息化“义诊”，强调信息化作为企业发展战略支撑的作用，不能只着眼于目前的需求，要在起始阶段就消除“信息孤岛”存在的可能性。

5）信息化专业人才是企业推进信息化工作的重要力量，在企业内部需求挖掘、信息化项目建设实施、企业整体信息化规划等方面必不可少。一方面，专业人才的培养需要加强，可以考虑在企业设置实习基地，由企业共同参与人才的培养。另一方面，鼓励企业积极引进专业人才，并赋予一定的权限，这是家族式企业改变传统管理方式的契机。政府还可以组织信息化培训，帮助企业在内部挖潜，培养综合企业业务和信息化的复合型人才。

6）制定符合实际的信息化评估标准，引导企业合理评估信息化成效，从而加强企业对信息化投入的信心，促进企业有序、持续地推进信息化建设工作，使信息化真正成为支撑企业发展的助推剂。

7）企业一直以来比较关注的是信息化对企业发展的促进作用，在目前产业转型升级的关键时期，信息化对产业的整体提升也应该引起足够的重视。特别是在宁波市的装备制造及机械基础件产业企业规模偏小、技术创新能力有待加强、高技术含量和高附加值的产品相对较少等问题上，如何通过信息化来转变和提升值得思考。首先，通过进销存、企业资源计划等管理信息化应用使中小型企业普遍实现信息化；其次，通过计算机辅助设计、辅助制造等研发信息化应用提升大型企业的技术创新能力，并向产业链关联企业溢出；继而实现整个产业产品技术含量和附加值提升。

同时，政府应该作为整个产业信息化推进的主体，具体建议如下：

1）继续加大信息化宣传和政策引导的力度，让信息化无所不在，潜移默化地加强企业信息化意识。

2）根据产业特色，推进装备制造及机械基础件产业信息化需要两手抓，一手抓大型企业的示范带动作用，特别是产业链上下游供应链管理系统的应用；一手抓中小企业的普遍应用。这样才能从整体上提升整个产业的信息化应用水平。

3）鼓励产业链协作电子商务平台的建设，拓宽广大中小企业信息来源渠道，通过中小企业最关心的商务，带动和促进中小企业信息化建设，促进产业本地化协作，进一步提高产业本地配套率，从而加快产业集聚。

充分利用产业信息化公共服务平台为广大中小型企业提供基础信息化应用服务，公共服务平台服务内容应包含中小型企业将要实施的进销存、协同办公等应用。

第3篇

科技服务及生产外包平台创新实践

第9章　科技服务及生产外包平台的系统分析与设计

9.1　科技服务及生产外包系统分析

9.1.1　系统功能需求分析

面向产业升级的科技服务及生产外包服务支撑平台是以科技服务及生产外包服务为核心的可扩展性集成化服务平台架构。基于对宁波市制造业产业集群在产业升级过程中的共性需求研究与分析，支撑平台着眼于解决适合于不同产业集群的共性化服务问题。平台集成科技金融、技术转移、生产资源协作、知识产权与专利、国际国内买家信息、会展商务及其他衍生服务功能。同时，平台还具备买家资源共享、科技服务项目集成、资源与服务匹配、在线商务服务、信用评价与服务保障、产业横向协作等系统功能。支撑平台是提供专业化、多层次高效服务的公共服务应用平台。

在科技服务及生产外包支撑平台建设需求研究的基础上，平台在架构规划中充分体现了其所具有的统一构件模式，以便于实现可重复使用的信息数据资源库、跨企业和跨行业的数据资源共享、子平台间的协同、扩展子系统的快速构建以及系统对需求变化的快速应变能力。

支撑平台系统围绕服务模式来构建，平台强大的功能通过表现为一系列松散耦合的服务来实现，这些服务可以根据企业需求灵活组合，使得平台对于企业用户的适应能力显著提高。

科技服务及生产外包支撑平台是一个开放性的公共服务平台，为了在业务和市场上合作，需要依赖机构服务合作伙伴提供其系统的非核心业务功能或信息。同时，部分服务项目需要多个机构和单位的信息系统共享信息，并协同处理，面向服务的体系架构能够提供合适的解决方案。

1. 用户登录入口管理系统功能需求

统一用户登录入口管理系统包含以下主要功能：

1）存储用户目录，完成对用户身份、角色等信息的统一管理；

2）用户的授权、角色分配；

3）访问策略的定制和管理；

4）用户授权信息的自动同步；

5）用户访问的实时监控、安全审计。

2. 智能化的采购商质量评估功能需求

它可以把国际采购商信息通过一些信息权重标准对其进行智能化评价，以此来提升和评估采购商的质量。系统通过采购商的信息、需求与供给、购买频度、交易额、供需匹配频度等情况分配权重和分值，对其进行智能化评价。

3. 公平交易的功能需求

通过此系统管理买家资源，根据自主研发的买家质量评估体系为标准，建立一条买家关系的完善、跟进、服务的流水线。不同的提供商操作软件系统自动流水分配的任务，分层次、分地域、分行业地提高买家在平台登记信息的完整度、信任度及满意度。数据提供商虽然可以自由定价，不过根据平台的买家质量评估系统会给出一个参考价。同时，提供特定时间内无效数据退返功能，最大限度地保证交易的公平性。

4. 会展活动公共服务的功能需求

该系统集成了展商管理及后台系统、展会营运管理及后台系统、展馆管理及后台系统、虚拟常年展及后台管理系统、B2B 电子商务功能集成系统、个人中心和后台管理系统。

5. 平台服务工具箱的功能需求

该系统包含客户关系管理(customer relationship management，CRM)系统、信息管理系统、产品发布系统、在线表单提交系统、留言管理系统、视频会议管理系统、信息查询系统、数据报表系统、信息发布管理、图片管理系统、邮件系统和评论系统。在线视频发布与交易系统运用视频和多媒体的压缩技术、多媒体同步协同和延时解决方案，实现优良的富媒体实时互动和直播的异地多方组织管理和同步协同技术，是本平台实现线下实体会展商务活动网上直播互动和虚拟现实会展商务活动的基础手段。

9.1.2 系统业务流程分析

1. 统一用户身份认证及访问控制解决方案

科技服务及生产外包支撑平台应用系统在方案规划中设计了为用户提供统一的信息资源认证访问入口，建立统一、基于角色和个性化的信息访问、集成平台的单点登录后台管理功能。用户只需登录一次，即可访问后台的多个应用服务系统，无须重新登录后台的各个应用系统。支持基于用户名和密码身份认证方式，根据用户的角色和统一资源定位器(uniform resource locator ，URL)实现访问控制功能。系统有精确记录用户的日志，用户可按日期、地址、用户等信息对日志进行查询、统计和分析。审计结果通过 Web 界面以图表的形式展现给管理员。支持多种对称和非对称加密算法，保证用户信息在传输过程中不被窃取和篡改(见图 9－1)。

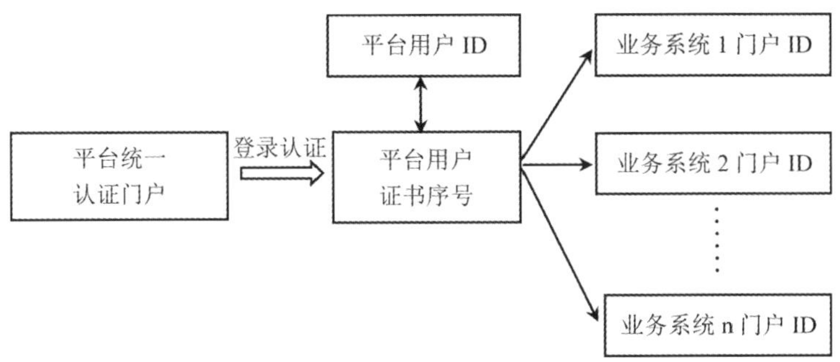

图 9－1　用户统一身份认证

1) 在通过平台统一认证后，可以从登录认证结果中获取平台用户证书的序列号或平台用户 ID；

2) 再由其映射不同应用系统的用户账户；

3) 最后用映射后的账户访问相应的应用系统。

当增加一个应用系统时，只需要增加平台用户证书序列号或平台用户 ID 与该应用系统账户的一个映射关系即可，不会对其他应用系统产生任何影响，从而解决登录认证时不同应用系统之间用户交叉和用户账户不同的问题。单点登录过程均通过安全通道来保证数据传输的安全。

2. 用户授权业务流程

用户授权流程如下：

1) 用户信息统一管理，包括了用户注册、用户信息变更、用户注销；

2) 权限管理系统自动获取新增(或注销)用户信息，并根据设置自动分配(或删除)默认权限和用户角色；

3) 授权信息记录到用户属性证书或用户信息库中；

4) 用户登录到应用系统，由身份认证系统检验用户的权限信息并返回给应用系统，满足系统的权限要求的，允许进行操作，否则限制操作；

5) 用户的授权信息和操作信息均被记录到日志中，可以形成完整的用户授权表、用户访问统计表。

9.2 科技服务及生产外包系统设计

9.2.1 科技服务及生产外包系统设计关键技术

1. 采用面向服务的体系架构(SOA)

生产外包及科技服务支撑平台将采用面向服务的体系架构(service-oriented architecture,SOA),基于 SOA 的系统建设更强调基于统一标准的快速开发和灵活组合。服务是平台系统的核心元素,它对应于具体的服务流程、服务功能或数据库资源,按照统一的规范来构建平台系统,基于服务设计开发的系统也具有良好的移植性、扩展性和兼容性。

2. 多文档窗口模式(MDI)

多文档窗口模式(multiple document interface,MDI)是 Microsoft Windows 文档处理应用程序的一种规范。该规范定义窗口结构和允许用户在单个应用程序中使用多个文档的用户界面(如文字处理程序中的本文文档和电子表格程序中的电子表格)。通俗地说,就像 Windows 系统在一个屏幕上维护多个应用程序窗口一样,MDI 应用程序在一个终端应用窗口可以维护多个文档窗口。

3. 动态设置数据窗口的 SQL 语句

在程序设计过程中,需要动态设置数据窗口的结构化查询语言(structured query language,SQL)。比如,在数据窗口的检索参数、检索条件在设计时不能确定的情况下,一般通过简单动态改变数据窗口的 SQL 语句的功能是通过数据窗口的 set sql select()方法实现的。

4. 系统安全设计

系统中数据的安全及保密是相当重要的,特别是涉及客户信息、交易价格、财务收支等信息与运作的模块。因此,要对系统设计安全登录模块、统一用户身份认证及访问控制解决方案,通过提供用户名和密码才能进入系统,而且当用户输入的用户名和错误次数太多时,系统会做一些相应的操作,达到对系统进行保护的目的。

9.2.2 科技服务及生产外包系统层次结构设计

科技服务及生产外包系统层次结构具体包括以下层次:基础设施层、数据资源层、服务提供层、应用接入层、开发平台及工具集。

1. 基础设施层

基础设施层既包括服务器、网络设备等硬件设施,也包括操作系统、数据库系统等基础软件，是支撑整个平台运行的基础。

2. 数据库资源层

平台资源库包含了平台所能提供的各类资源，主要有国内外买家资源、组织化工业分包资源、分行业产业集群企业资源、科技服务项目资源、企业管理服务项目资源、服务案例资源、高校与科研机构、专家库等。

3. 服务提供层

服务提供层主要包括平台提供的各项服务和企业服务总线(enterprise service bus，ESB)。其中，服务可分为业务服务、流程服务、信息服务等。ESB为服务之间的间接和动态交互提供支持。

4. 应用接入层

平台应用系统之间可以通过数据整合、功能整合和流程整合的方式使得各系统以统一的、标准化的方式进行数据共享和业务协同。

5. 开发平台及工具集

开发平台及工具集是用于对支撑平台进行规划设计、实施测试、运营维护管理的软件平台及工具集，涵盖平台开发各个阶段。

9.2.3　科技服务及生产外包系统功能模块设计

1. 科技服务及生产外包系统的功能模块

科技服务及生产外包系统的各功能模块及结构如图9-2所示。

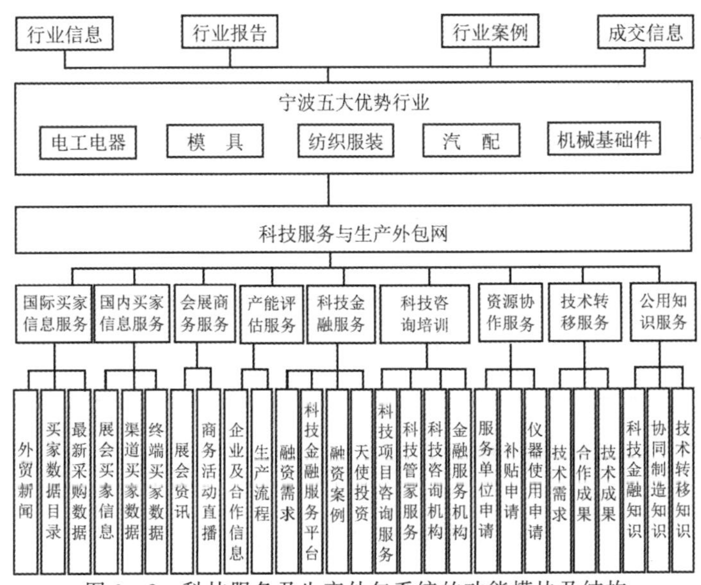

图9-2　科技服务及生产外包系统的功能模块及结构

2. 科技服务及生产外包系统功能模块说明

（1）模块一：国际买家信息服务功能模块

国际买家信息服务功能模块由四部分组合而成，包括买家资源整合系统、卖家资源整合系统、买家质量评估系统和公平交易系统。资源整合系统实现卖家分地域、分行业、分规模地登记管理注册，定时更新卖家资料及产品信息。

（2）模块二：国内买家信息服务功能模块

如图 9－3 所示，国内买家信息服务功能模块整合了展会信息管理、国内销售渠道买家、国内终端买家等信息资源，提供市场数据分析、买家情报分析、买家验证服务、订单分析及匹配服务、在线洽谈等服务。

您的位置：首页-> 国内买家-> 国内买家信息服务

新闻快递 更多>>
· 2015中国（宁波）国际新材料科技与产业 11.30
· 创意经济花开众创空间 01.12

展会买家信息 更多>>
· 宁波盛和灯饰有限公司 2015.07.07
· 翔傲信息科技（上海）有限公司 2015.07.07

商务会展直播 更多>>
· 2015第四届中国（宁海）国际文具产业博览会20
· 2015中国（宁波）国际海水淡化设备与应用博览
· 2015宁波金属材料加工机械展览会
· 2015中国糖果零食展
· 2015中国（宁波）国际新能源汽车与电动车展览
· 2015中国家博会夏季展(家博会家具展)
· 第十四届中国国际日用消费品博览会

渠道买家信息 更多>>
· 321电商学院 2015.07.06
· 宁波康辉灯具有限公司 2015.07.02

终端买家信息 更多>>
· 上海连财信息科技有限公司 2015.07.08
· 浙江合大太阳能科技有限公司 2015.07.06

图 9－3　国内买家信息服务功能界面

（3）模块三：会展和商务活动服务功能模块

如图 9－4 所示，会展和商务活动服务功能模块包括展商管理及后台系统、展会营运管理及后台系统、展馆管理及后台系统、虚拟常年展及后台管理系统、B2B 电子商务功能集成系统、个人中心和后台管理系统。

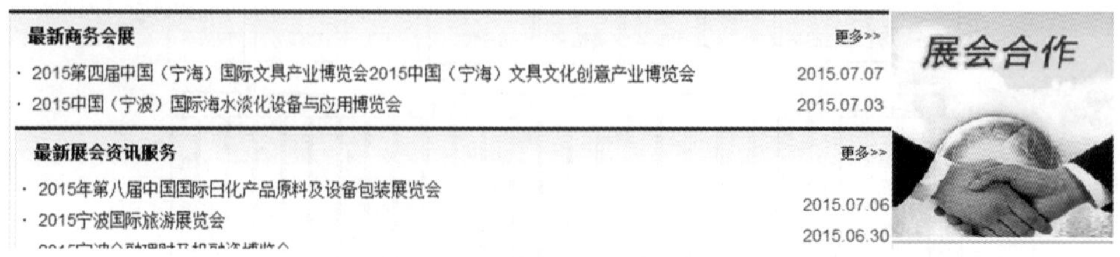

图 9－4　会展和商务活动服务功能界面

(4) 模块四：产能评估服务功能模块

产能评估服务功能模块如图 9-5 所示，通过对企业基本信息，人力资源、财务数据、生产流程等特定信息，以及企业合作伙伴、潜在合作领域等附加信息的采集、分析和评测，实现对企业综合能力的评价。

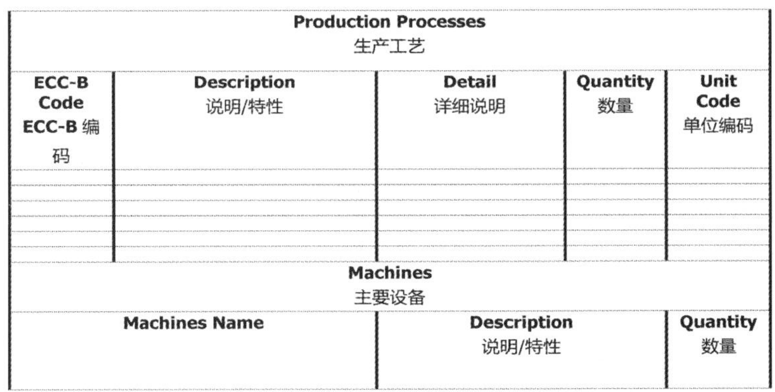

Production Processes 生产工艺				
ECC-B Code ECC-B 编码	Description 说明/特性	Detail 详细说明	Quantity 数量	Unit Code 单位编码

Machines 主要设备		
Machines Name	Description 说明/特性	Quantity 数量

图 9-5　产能评估服务功能界面

(5) 模块五：科技金融服务功能模块

如图 9-6 所示，科技金融服务功能模块包含科技金融新闻动态、融资需求、天使投资机构(人)、金融服务机构、专家人才、天使投资俱乐部、政策法规等模块功能。

图 9-6　科技金融服务功能界面

(6) 模块六：科技项目咨询与培训服务功能模块

如图 9-7 所示，在科技项目咨询与培训服务功能模块中建立了科技咨询项目库、企业管理咨询案例库、咨询专家队伍信息库，以及规范科学的业务流程体系。

科技服务 Technology Services

科技项目咨询服务 更多>>

· 软科学研究
· 企业工程技术中心
· 重点实验室建设
· 公共科技条件平台建设
· 技术转移机构认定
· 科技企业孵化器
· 自然科学基金
· 宁波市专利示范企业

科技管家服务 详情>>

"科技管家"服务通过科技项目咨询服务、技术转移服务、科技金融服务、知识产权服务等传统单项科技服务的开展，由单项科技服务向全面科技服务转变的科技管家服务新模式，把科技管家服务模式作为传统科技服务的延伸。"科技管家"服务通过企业现状调研、信息采集与诊断分析、体系方案设计、创新体系培训、落实目标责任、分阶段实施、项目全程辅导、深度跟踪服务、延伸服务等九大步骤，为企业提供技术创新体系的建立、技术创新发展战略制定、技术创新优惠政策、技术创新

咨询机构 更多>>

· 宁波源邦科技咨询有限公司
· 宁波君和天下知识产权咨询有限公司
· 宁波市中诺科技咨询服务有限公司
· 宁波源动力技术转移有限公司
· 宁波高新区智弘科技咨询有限公司

需求调查 更多>>

· 面向产业升级的生产外包及科技服务

图 9－7 科技项目咨询与培训服务功能界面

(7) 模块七：生产资源协作服务功能模块

如图 9－8 所示，生产资源协作服务功能模块实现了大型科学仪器、设备的资源信息共享和协作共用。资源信息共享，指大型科学仪器、设备信息在互联网上发布，使企业及时了解可提供服务的大型科学仪器、设备；协作共用实现了区域内资源共享和优化配置。

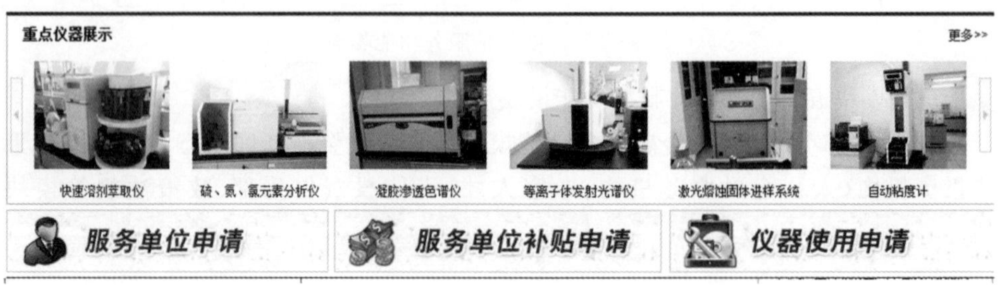

图 9－8 生产资源协作服务功能界面

(8) 模块八：技术转移服务功能模块

如图 9－9 所示，技术转移服务功能模块集产学研对接活动、技术难题与科技成果对接、网上技术交易洽谈和产学研数据管理统计等各项服务为一体，通过日常工作与活动结合，网上与网下服务相结合，网络化、全覆盖的运行模式，实现技术交易的高效、便捷。

技术转移服务 Technology Transfer Service

技术需求 更多>>

· Mol 某 和某 模具成型全生命周期管理系统无缝
· 某 电力用电检查仿真培训系统软件开发
· 宁波市 某 区市场监督管理局企业基础数据库项目
· 宁波市某监督管理局企业信用系统升级改造项目
· 某市企业信用信息共享平台运维项目合同
· 某市质监局法人单位数据库系统开发项目

合作成果 更多>>

· 宁波 某 建筑节能科技有限公司
· 智慧教室与数字化在线学习平台的资源对接
· 开发生物柴油副产甘油制备1,3-丙二醇的加
· 47500DWT江海联运型散货船船型研发与结构
· 50000吨级系列散货船船型研发与结构疲劳损
· 植物源环保护理用品的研发

科技成果 更多>>

用电检查仿真系统软件
模具成型全生命周期管理系统

图 9－9 技术转移服务功能界面图

(9) 模块九：公用知识信息服务功能模块

如图 9－10 所示，公用知识信息服务功能模块将国外有关技术、产品标准体系进行数据转换与交流，从而实现资源共享。

公用知识服务 Public Knowledge Services

科技金融知识 更多>>	协同制造知识 更多>>	技术转移知识 更多>>
· 宁波国家高新区关于加快投融资平台建设的	· 统同步协同设计平台的构建方法研究	· 国家税务总局关于技术转让所得减免企业所得

图 9－10　公用知识信息服务功能界面

9.2.4　科技服务及生产外包网的网站建设

网站支撑平台建设的实施规划主要包括进度规划、质量控制方法、成本预算、团队计划、风险管理计划、技术规划和产品选型方案等。在平台建设规划中考虑了系统规模的阶段设定，即限定了项目的大小，以确保在建设周期内可以顺利实施完毕，使项目成功。团队成员可以通过前期经验的积累，为后续建设开创一个良好的局面和环境。平台建设的开发、实施原则采用递进式并不断滚动改进的方式来进行。同时，充分考虑平台建设所涉及业务标准和技术标准，保证平台的建设质量，提升持续利用与扩展的能力。

1. 科技服务及生产外包网的建设过程

科技服务及生产外包网的建设过程如图 9－11 所示。

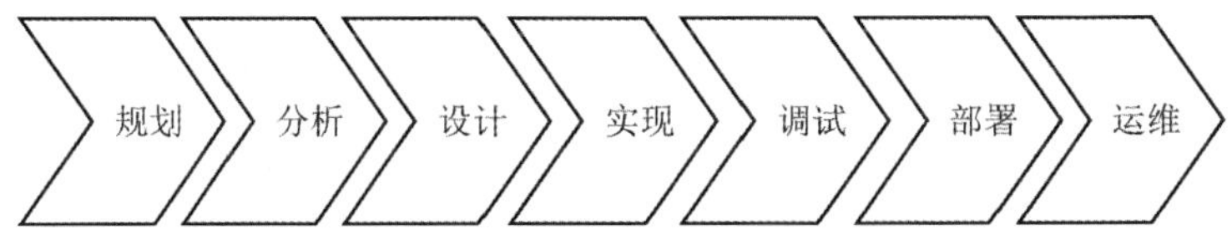

图 9－11　科技服务及生产外包网的建设过程

(1) 规划阶段

在这一阶段首先需要确定目标，对于系统的功能目标应该是明确的，除此之外，强调支持服务模式灵活重构、强调与子平台的松耦合、强调服务标准与流程的采用。

(2) 分析阶段

分析阶段主要进行服务模式的分析和梳理，包括各类服务项目的定义、服务流程定义、数据分析模型定义等，还需要考虑平台提供的服务项目如何串接在一起完成业务目标，在执行业务和业务流程过程中需要使用哪些数据库资源，以及其他辅助服务工具的设定。

(3) 设计阶段

设计阶段即进入技术实现范畴。在设计阶段，首先需要确定采用的技术体系架构，准备采用的具体技术、工具和产品，准备采用和需要制定的技术标准，也需要定义平台的物理环境，以及逻辑架构到物理环境之间的映射，最后需要细化整个项目的设计细节。

(4) 开发、调试阶段

基于面向服务体系架构(SOA)的平台开发需要完成数据对象转换的定义。不同服务使用的数据对象可能不完全一样，为了服务之间能够实现顺利通信，需要在数据对象之间进行数据转换。系统调试可以借助于一些工具实现部分的跟踪调试功能，还有很多工作需要通过编写日志的方式来跟踪和检查运行是否符合设计要求。

2. 科技服务及生产外包网建设计划

网站建设进度计划表见表 9-1。

表 9-1 网站建设进度计划表

进度 内容	2012 年 9 月	2012 年 12 月	2013 年 3 月	2013 年 6 月
系统分析 底层框架建设	——			
资源数据库建设			——	——
服务工具开发		——	——	
服务系统开发		——	——	——
用户管理系统开发		——		
商务辅助系统开发			——	
网站建设	——	——	——	——

3. 科技服务及生产外包网的主页设计

科技服务及生产外包网主页的设计实现效果如图 9-12 所示。宁波科技服务及生产外包网 1.0 版于 2012 年 12 月上线运行，2.0 版于 2013 年 6 月上线运行。

图 9-12　科技服务及生产外包网主页设计实现效果

第 10 章　科技服务及生产外包信息数据库建设

10.1　数据库建设及应用研究方案

10.1.1　数据库总体建设方案

首先，确定分两条线由两家单位分别建设国际生产外包信息数据库和国内生产外包信息数据库，设立数据收集、信息核实、记录分类、质量评估、商情分析五个步骤的统一的数据库应用过程。信息库构建和应用如图 10－1 所示。

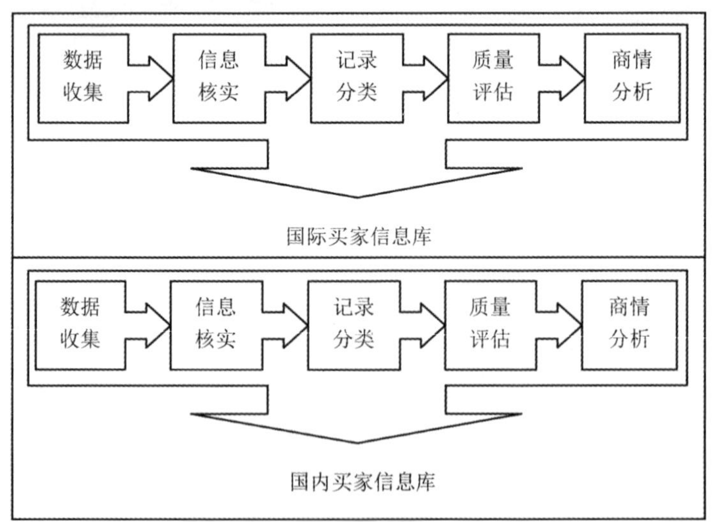

图 10－1　信息库构建和应用

其次，确定统一的基础应用和服务功能逻辑，通过订单、贸易、咨询服务功能衔接国内买家、国际买家、供应商和制造商数据库，并对接项目的服务体系形成应用逻辑。生产外包信息服务体系数据库建设应用逻辑图如图 10－2 所示。

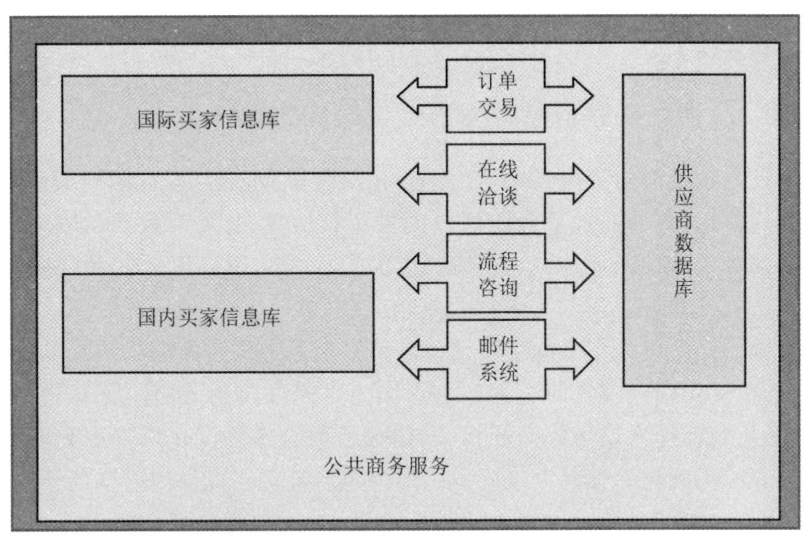

图 10－2　数据库建设应用逻辑

最后，建设统一技术应用和标准的数据库，根据各自资源进行构建和研究并产生应用，最终形成技术方案：平台中买家信息服务模块的设计，采用面向服务体系架构(SOA)思想、面向对象编程(object-oriented programming，OOP)理念把海量数据运用现代化电子商务技术进行数据整理与数据挖掘，为中小企业提供业务拓展的信息平台。采用统一标准的信息资源数据库，与国内外工业分包网络和联合国工业发展组织之间的网络资源对接与共享，相互之间采用 Web 服务(Web Service)技术，相互统一开放 JSON 格式信息，任何时候都可相互获取自身所需的对方信息，初步形成云原理的信息处理方式。为了加强软件业务的开拓性和灵活性，将使用基于 Web 服务及 SOA 技术，实现跨平台应用。把本网站的国际采购商数据，通过良好的 Web 接口和契约进行应用嵌入。把各自平台数据与各种合作资源信息服务通过 Web 服务构建的面向消息的中间件(message-oriented middleware)系统实行软件捆绑，实现双赢或多赢。

10.1.2　国际买家信息数据库建设研究方案

本书将建设面向国际买家的生产外包商贸平台，通过建设国际买家数据库，开展数据库应用，同时通过平台向用户提供买家信息、交易洽谈和公共商务等深层次的生产外包服务，深入探索基于云服务的平台服务模式。国际买家数据库建设过程分为数据收集、信息核实、记录分类、质量评估和商情分析五个步骤。面向国际买家的生产外包商贸平台通过构建全球优质采购商信息资源共享平台，提供国际贸易的全程服务。系统包含国际贸易业务开拓服务、国际贸易交易过程服务和情报数据分析服务。

10.1.3 国内买家信息数据库建设研究方案

本书计划建设面向国内买家的生产外包商贸平台，通过建设国内买家数据库，开展数据库应用，同时通过平台向用户提供买家信息、会展商务活动服务、交易洽谈和公共商务等深层次的生产外包服务，深入探索基于云服务的平台服务模式。国内买家数据库建设过程分为数据收集、信息核实、记录分类、质量评估和商情分析五个步骤。面向国内买家的生产外包商贸平台通过构建国内优质采购商信息资源共享平台，提供国内贸易的全程服务。国内生产外包涵盖国内贸易业务开拓全程服务，主要包括国内市场数据分析、国内渠道整合和终端建设咨询和匹配、业务促成、过程支持、国内品牌建设等服务。国内生产外包还提供国内市场开拓应用和辅助项目服务，如展会和国内贸易活动资源获得；国内贸易开拓宣传册的生成、管理、发送；视频采购会和产品推介会；市场数据分析和情报分析工具以及结果自定义报表下载；国内渠道和终端建设、品牌推进的在线咨询服务等。

10.1.4 会展商务活动信息数据库研究方案

构建会展商务的资源数据库和商务信息应用服务，通过基于软件即服务(software as a service，SAAS)的多会展管理链平台和利用多媒体网络互动直播技术的网上会展、采购商务活动平台，整合会展资源，共享会展大平台下的供应和采购资源，更大化地发挥专业贸易服务商不同领域内的专业服务作用，实现现代B2B贸易服务升级，实现可视化同步虚拟线下商务，最大化地整合各种线上、线下资源，为生产外包和买家提供全方位服务和强大的“个人中心”多级客户关系管理(CRM)平台。通过智能引擎、智能搜索等技术，为企业提供市场数据分析、买家情报分析、买家验证服务、订单分析及匹配服务、在线洽谈和交易等服务，帮助企业承接各类订单，参与生产外包。

10.2 数据库建设及应用研究方法

10.2.1 数据库建设与应用研究路线

1) 深入研究项目服务模式成功实施的数据需求，确定数据库分类和各级关系，深入研究数据收集的方法。收集国际、国内买家信息等资料数据，参照国际

(SPX 等)和国家相关标准与规范,建立国际、国内买家信息数据库。国际、国内买家信息数据库分为国内买家数据库、国际买家数据库和会展商务活动供应链数据库三大部分。其中,国际买家数据库又可分为采购商数据库、供应商数据库、商务平台和订单协同数据库,库中的数据主要来自于平台买家、合作机构、会展商务活动、工业分包和 SPX 等其他平台对接等;国内买家数据库又可分为国内市场信息数据库、国内买家数据库、渠道终端数据库、生产企业数据库、订单协同数据库,库中的数据主要来自于常规化市场调研采集、数据合作机构、会展商务活动、平台推广注册和订单过程采集等;会展商务供应链数据库又可分为展馆数据库、展会数据库、参展商数据库、采购商数据库、商务活动服务商数据库,库中的数据主要来自于自建会展商务平台的线下会展服务沉积数据、会展商务活动主办方、平台推广注册用户等。

2) 对国际、国内买家信息中存在的主要问题进行分析,坚持事务处理技术的准确性、隔离性、持久性、并发性前提下,对已有的国际、国内、会展商务的市场数据、企业数据、供求数据、订单数据等各种信息,探讨信息修复与更新方法。利用 SQL 和 Web Sercices 建设数据库,对各级数据进行数据分类和对比,逐级汇总发生,分类各级单元参比关系,并在各类各级数据库中进行分类体系的转换,编制基于系统分类和逻辑关系关联的各级数据库。

3) 借助已经建立的三大数据库及其关键字段关联性设定,运用系统设定质量评估分析方法、模拟订单实施计时方法等方法,利用管道匹配技术、多标识快速查找等技术,实现数据库的快速字段查找、调用、关联再生成等符合项目服务需求的数据库特性,系统能采用统一标准的信息资源数据库,与国内外工业分包网络和联合国工业发展组织之间的网络的资源对接与共享,相互之间采用 Web 服务技术,相互统一开放 JSON 格式信息,任何时候都可相互获取自身所需的对方信息,初步形成云原理的信息处理方式。

10.2.2　数据库设计的基本定义

数据库设计是指对于一个给定的应用环境,构造(设计)优化的数据库逻辑模式和物理结构,并据此建立数据库及其应用系统,使之能够有效地存储和管理数据,满足各种用户的应用需求,包括信息管理要求和数据操作要求。

信息管理要求是指在数据库中应该存储和管理哪些数据对象;数据操作要求是指对数据对象需要进行哪些操作,如查询、增加、删除、修改、统计等操作。

数据库设计的目标是为用户和各种应用系统提供一个信息基础设施和高效率的运行环境。高效率的运行环境包括数据库数据的存取效率、数据库存储空间的利用率、数据库系统运行管理的效率等都较高。

10.2.3 数据库系统具备的特点

1）功能上满足以科技服务与生产外包服务为核心的可扩展性集成化服务数据需求。

2）能准确地表示业务数据。

3）使用方便，易于维护。

4）对最终用户操作的影响时间合理。

5）便于数据库结构的改进。

6）便于数据的检索和修改。

7）维护数据库的工作较少。

8）有效的安全机制，可以确保数据安全。

9）冗余数据最少或不存在。

10）便于数据的备份和恢复。

11）数据库结构对最终用户透明。

10.2.4 数据库设计方法

为了使数据库设计更合理、更有效，需要有效的指导原则，这种原则就被称作数据库设计方法，力争数据库应用系统经过试运行后即可投入正式运行。在数据库系统运行过程中，必须不断地对其进行评价、调整与修改。

在数据库设计过程中，需求分析和概念设计可以独立于任何数据库管理系统进行。逻辑设计和物理设计与选用的数据库管理系统（database management system，DBMS）密切相关。各信息数据库系统的构建及应用新奥尔良（New Orleans）方法。该方法把数据库设计分为若干阶段和步骤，并采用一些辅助手段实现每一过程。它运用软件工程的思想，按一定的设计规程用工程化方法设计数据库。新奥尔良方法属于规范设计法。规范设计法从本质上看仍然是手工设计方法，其基本思想是过程迭代和逐步求精。

1）基于 E－R（entity-relationship）模型的数据库设计方法。该方法用 E－R 模型来设计数据库的概念模型，是数据库概念设计阶段广泛采用的方法。

2）3NF（第三范式）的设计方法。该方法用关系数据理论为指导来设计数据库的逻辑模型，是设计关系数据库时在逻辑阶段可以采用的一种有效方法。

3）对象定义语言（object definition language，ODL）方法。该方法用面向对象的概念和术语来说明数据库结构。ODL 可以描述面向对象数据库结构设计，可以直接转换为面向对象的数据库。

1. 数据库概要设计

概念模型的表示方法很多，其中最常用的是 P. P. S. Chen 于 1976 年提出的联系方法（entity-relationship approach），该方法用 E－R 图来描述现实世界的概念模型。在系统的数据库设计中，首先要分析各数据存储之间的关系，可采用 E－R 图的方法进行数据结构分析。用 E－R 图来描述概念模型（数据库结构）的方法为：

1）用长方形表示实体型，在框内写上实体名。

2）用椭圆形表示实体属性，用无向边把实体与其属性连接起来。

3）用菱形表示实体间的联系，菱形框内写上联系名，用无向边把菱形分别与有关实体相连接，在无向边旁标上联系的类型。若实体间的联系也具有属性，则把属性和菱形也用无向边连上。

国际、国内生产外包信息数据库信息系统 E－R 图（展会部分）（买家部分）如图 10－3 和图 10－4 所示。

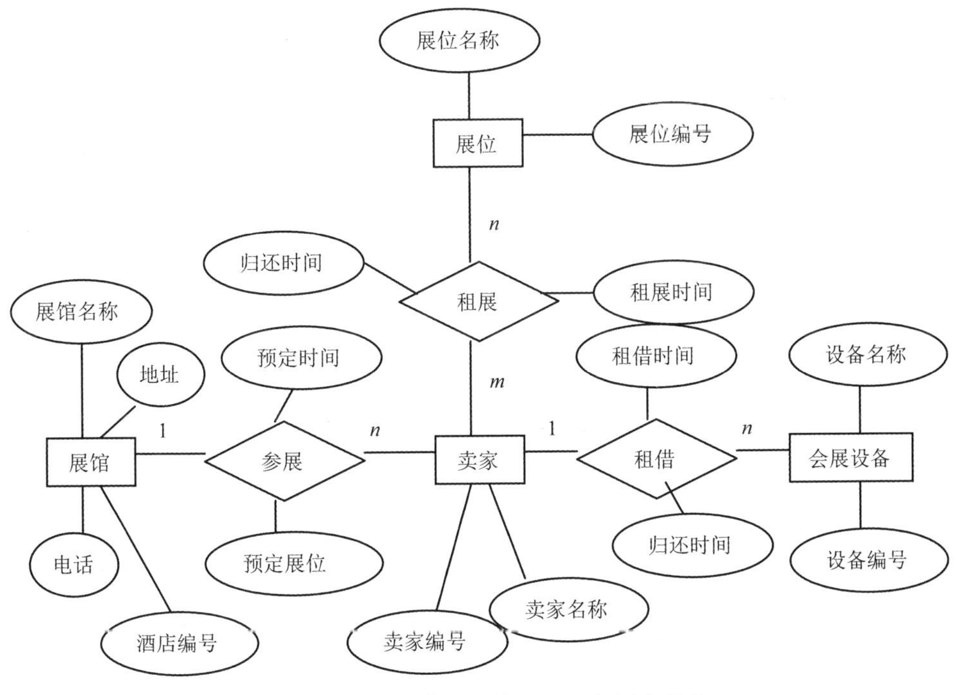

图 10－3　数据库信息系统 E－R 图（展会部分）

2. 数据库逻辑设计

数据库逻辑设计的目的是把概念设计阶段设计好的全局 E－R 模式转化为与选用的具体机器上的 DBMS 所支持的数据模式相符合的逻辑结构（数据库模式和

外模式)。根据国际、国内生产外包信息数据库信息系统 E-R 图和转换规则,11 个实体类型转换成 11 个关系模式。

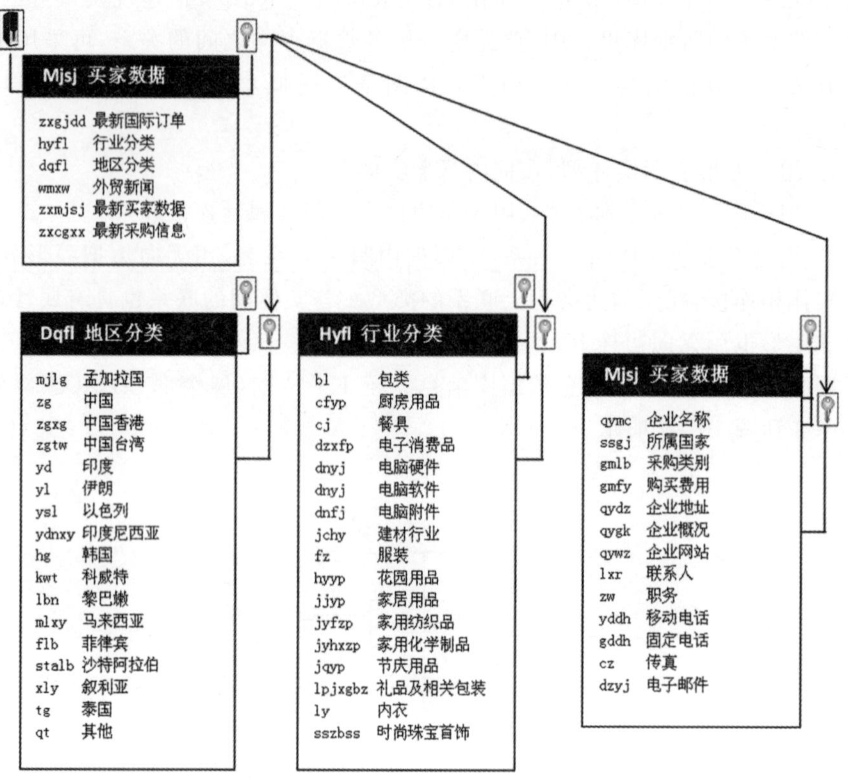

图 10-4　数据库信息系统 E-R 图(买家部分)

(1) 用户信息表

用户信息表见表 10-1。用户信息表主要用来存放使用本系统用户的相关信息,如用户编号、用户姓名、用户级别、用户密码等信息。

表 10-1　用户信息表

字段名	类型与长度	关键词	说明	可否为空
czybh	Char(10)	PK	用户编号	No
czyjb	Char(10)	No	用户级别	Yes
czyxm	Char(10)	No	用户姓名	Yes
pwd	Char(10)	No	用户密码	Yes

(2) 管理员信息表

管理员信息表见表 10－2。管理员信息表主要用来存放生产外包与科技服务系统管理员的相关信息,如员工编号、员工类别、员工姓名、员工性别等。

表 10－2　管理员信息表

字段名	类型与长度	关键词	说明	可否为空
ygbh	Char(10)	PK	员工编号	No
yglb	Char(10)	No	员工类别	Yes
ygxm	Char(20)	No	员工姓名	Yes
ygxb	Char(10)	No	员工性别	Yes
ygzw	Char(20)	No	员工职务	Yes
pyrq	Datetime	No	聘用日期	Yes
xj	Numeric(8,2)	No	薪金	Yes
bz	Char(30)	No	备注	Yes

10.3　国际、国内生产外包信息数据库建设及应用研究过程

按照规范设计的方法,考虑数据库及其应用系统开发全过程,数据库设计分为以下 6 个阶段:

10.3.1　需求分析阶段

进行数据库设计首先必须准确了解与分析用户需求(包括数据与处理)。需求分析是整个设计过程的基础,是最困难、最耗时的一步。作为“地基”的需求分析是否做得充分与准确,决定了在其上构建数据库“大厦”的速度与质量。需求分析做得不好,甚至会导致整个数据库设计返工重做。

10.3.2　概念结构设计阶段

概念结构设计是整个数据库设计的关键,它通过对用户需求进行综合、归纳与抽象,形成一个独立于具体 DBMS 的概念模型。

10.3.3 逻辑结构设计阶段

逻辑结构设计是将概念结构转换为某个 DBMS 所支持的数据模型,并对其进行优化。

10.3.4 物理设计阶段

物理设计是为逻辑数据模型选取一个最适合应用环境的物理结构(包括存储结构和存取方法)。

10.3.5 数据库实施阶段

在数据库实施阶段,设计人员运用 DBMS 提供的数据库语言(如 SQL)及其宿主语言,根据逻辑设计和物理设计的结果建立数据库,编制与调试应用程序,组织数据入库,并进行试运行。

10.3.6 数据库运行和维护阶段

根据项目的功能和技术思想:平台中买家信息服务模块的设计是采用面向服务体系架构(SOA)思想、面向对象编程(OOP)理念把海量国际、国内采购商数据,运用现代化电子商务技术,进行信息化处理和运作(系统软件),从而希望能形成一个有效的交流平台。通过平台,为广大中小企业寻找国际、国内采购商,并持续与平台进行贸易服务对接。在整体项目功能构建和实施中,进行数据库的运行和维护,保证数据的及时更新和数据库的稳定运行。

10.4 数据库建设及应用的成果

10.4.1 建设了国际买家数据库和信息库应用

1. 建设了总量为 3.2G 的国际买家数据库

数据库中,目前已经登记了 39.8 万家国际买家的信息和主动注册的 6952 家中国产品供应商的信息,根据开展数据库的应用的需要建设了 107 张关系表,为应用所需提供合理的后台数据库。

2. 建设了四个板块的服务信息资源

(1) 按行业分类

按照行业分类为用户提供了 31 个大行业和 928 个子行业的国外买家信息，主要覆盖目前中国出口的绝大部分出口产品(见图 10－5)。

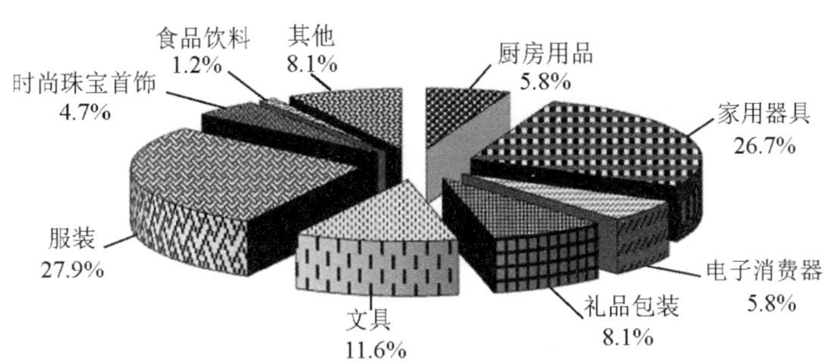

图 10－5　国际采购商行业分布比例

(2) 按地区分类

按照地区划分，为用户提供五大洲的 191 个国家和地区的国外买家信息，主要覆盖目前和中国有贸易往来的绝大部分国家和地区(见图 10－6)。

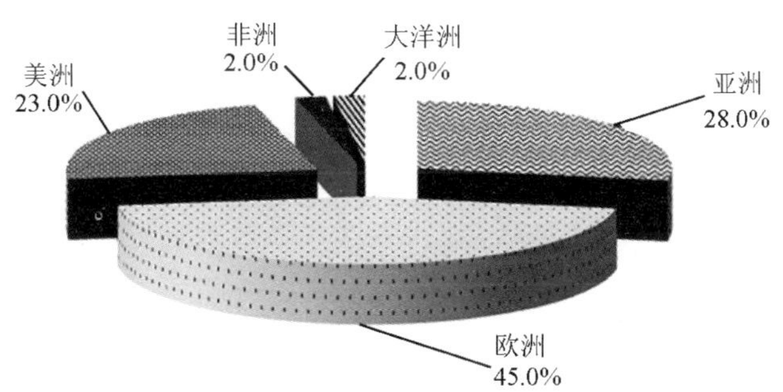

图 10－6　国际采购商地域分布比例

(3) 动态信息

提供了外贸相关的资讯信息，帮助企业更快地了解最新的外贸资讯。

(4) 客户服务

帮助平台用户更好地使用平台，提供用户服务。

平台同时开通了微信公众号和两个 QQ 群，从 2014 年 7 月 1 日起已及时发布 1481 条买家采购询单，日均发布8.2 条，日常实时在线为平台用户和 284 家活跃在线用户提供交易洽谈和公共商务等深层次的生产外包服务(见图 10－7)。

图 10－7　买家询单图

平台专业提供全球国际采购商信息资源的分享，不提供任何与此无关的业务内容，包括不提供广告服务。

10.4.2　建设了买家数据库完整的步骤流程并形成流水线应用

平台开发“买家资源质量评估系统（著作权）”，创造性地把买家资源按五个步骤（数据收集、信息核实、质量评估、记录分类、商情分析）的过程形成流水线，对应安排部门。每个部门的工作人员每日的工作就是完成流水线上自己所属环节的工作，接收上个环节流转来的信息进行处理，处理成果流水给下一个环节，作为下个环节工作人员的待处理信息。详细介绍如下：

（1）数据收集

此环节为流水线之起始，公司主要安排实习生从网络获取买家信息，相关合作的平台和会展等机构提供买家信息，此环节获取的信息都由买家信息质量评估系统评估价值为 0 即为待确认信息。

（2）信息核实

由上环节流转来的信息经过公司的买家联络部与买家取得联系，由此分为邮箱联系得上的，或者联系不上的；电话联系得上的，或者联系不上的；Skype 等即时工具联系得上的，或者联系不上的等多种情况，分别记入系统，系统根据每种情况的权重及时给出信息评估的分值（见图 10－8）。

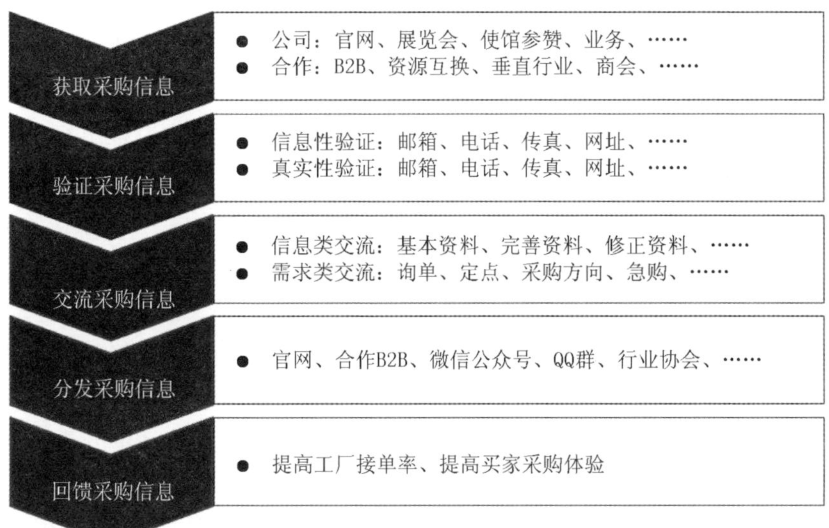

图 10－8 信息核实

(3) 质量评估

通过与联系得上的买家沟通，了解买家的历史采购信息、当前采购情况，以及在中国的合作伙伴等情况，评估系统再结合这些信息，在平台的受欢迎程度（关注度和购买量）栏标示出每个买家的综合质量评估结果，更新展示在每个买家信息的价值栏中。具体内容如图 10－9 所示。

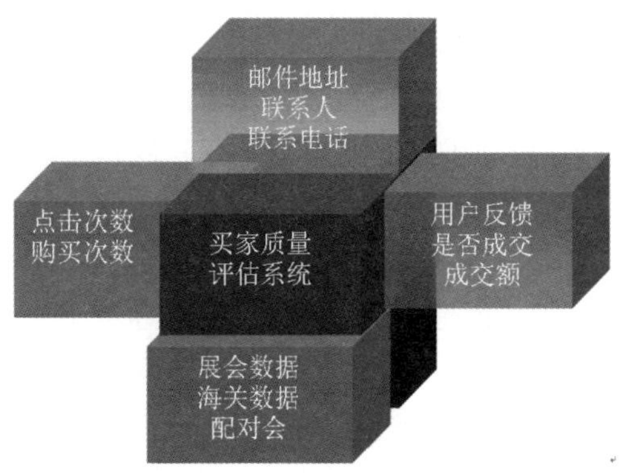

图 10－9 质量评估

(4) 记录分类

基于上个环节中关于采购的产品类别跟与买家的沟通和记录，然后由技术部定时执行对应程序，根据国家及行业标准把买家分门别类地展示在平台上。

(5) 商情分析

目前这块内容还有待完善,主要还停留在整体层面的分析,如当前哪个国家采购商是比较活跃的,哪个行业采购商是比较活跃的等整体层面信息的分析和信息提供。目前在计划更进一步的商情分析:比如按照年月季度定时推出行业的分析报告 n 份、采购活跃地区的分析报告 m 份,甚至两者结合的报告$n \times m$份,此工作量极大,还在努力中。

10.4.3 数据库应用服务系统

国内生产外包集合了会展信息管理、国内销售渠道买家、国内终端买家整合和生产定制与分解分包信息资源的网络化服务体系。通过智能引擎、智能搜索等技术,为企业提供市场数据分析、买家情报分析、买家验证服务、订单分析及匹配服务、在线洽谈和交易等服务,帮助企业承接各类订单,参与生产外包。国内买家数据库规模达到 40 万条,成功在平台注册并对接订单或是协同会员用户达到 9.1 万户。

在不断建立健全生产厂商数据库的基础上,通过对国内市场数据分析和国内终端消费品区域分析,指导生产企业产品策略和国内市场开拓策略,通过直接对接国内消费品渠道和终端以及工业品上、下游买家匹配生产制造商,根据企业能力分解成品订单,形成分包和协同生产过程,最终完成终端成品交割。

建立了生产厂商生产能力、科技能力、设备装备等动态数据库,并在内贸渠道、终端买家资源基础上,在充分了解国内市场资源的基础上,协调和指导生产企业的产品策略和生产能力,不断强化生产厂商数据库内资料和能力优化,平台直接对接终端生成成品、订单发包,根据生产厂商能力进行分包和产能协调、转移整合,实现工厂的产能和资源合理利用和分配。

通过对接国内市场商业数据机构和经销商、终端网络,形成国内市场数据和趋势分析、分类产品需求和趋势分析数据;建立生产厂商数据库并不断丰富和指导优化各种产能、设备、科技资料,形成动态真实生产能力数据分析能力;建立国内工业品和消费品渠道和终端数据库;建立平台直接对接消费品终端成品和工业品上下游订单并发包,根据生产厂商数据库进行初级匹配,形成分包平台,并同时为生产企业提供国内市场数据、品牌建设、会展经销商活动对接、企业国内市场宣传推广等服务,促使企业生产能力和科技能力升级,进一步扩大国内市场终端成品订单能力,形成良性循环。功能逻辑如图10-10所示。

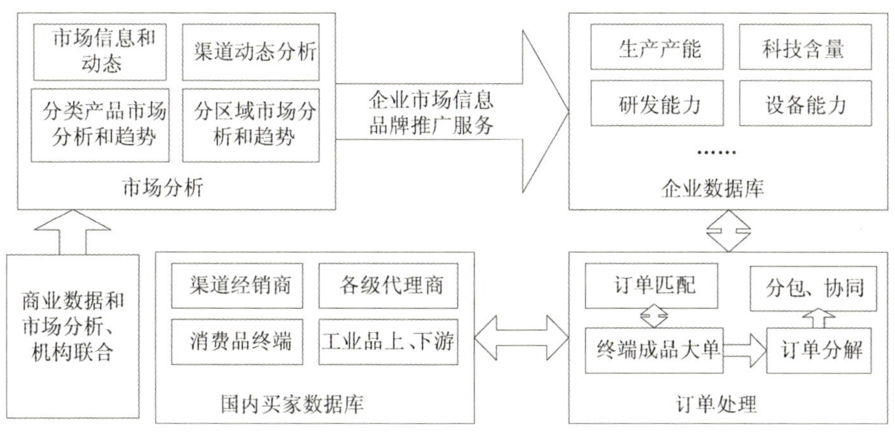

图 10－10　国内买家数据库功能逻辑图

10.4.4　构建了完善的会展和商务活动数据库与信息服务应用

会展和商务活动服务平台是科技服务和生产外包服务、贸易洽谈、信息交流、企业推广的重要实现手段和有力支撑，能大大地提高整体服务的效能和功能逻辑性。在项目执行过程中，构建了完善的会展商务、交易洽谈、贸易服务、产品工厂展示、线上互动直播采购会等服务模式和云智慧平台功能，成功对接 100 场次以上的采购和贸易对接会，成功套接三场大型有影响力的会展，在节能环保展、中小型工厂展、智慧城市博览会中为数千家工厂和买家提供一站式服务，成功对接外包和生产订单达亿元的量级。

第4篇

现代科技服务案例与业务规范

第11章 现代科技服务创新案例

11.1 国内科技服务平台创新概况

在全国范围内，国家层面有国家科技基础条件平台。国内与国外的术语有所不同，国外一般称之为“区域创新系统”或“区域创新环境”，很少用“公共科技服务平台”一词；而国内的研究使用较为普遍的是“公共科技服务平台”，或者“科技创新服务”（见表11-1）。

表11-1 国内部分“公共科技服务平台”名称

序号	建设项目名称	应用层级
1	江苏省科技创新服务平台	省级
2	江苏省创新创业公共服务平台	
3	上海研发公共服务平台	
4	浙江省汽车及零部件产业科技创新服务平台	省行业领域
5	四川生物医药技术创新公共服务平台	
6	浙江省环保公共科技创新服务平台	
7	浙江省标准信息与质量安全公共服务平台	
8	陕西省主导产业科技情报服务平台	
9	南昌科技服务平台	市级
10	青岛市科技创新综合服务平台	
11	珠海市公共科技服务平台	
12	南京高新区科技创新服务平台	区级
13	深圳市南山区科技创新专利信息服务平台	

续　表

序号	建设项目名称	应用层级
14	通州电子产业聚集区创新服务平台	区行业领域
15	连云港装备制造业科技创新公共服务平台	
16	小核酸知识产权服务平台	知识产权
17	吴中区生物技术和新医药领域知识产权公共服务平台	

上海、江苏、陕西、福建、广东等地方出台有相关文件政策。上海研发公共服务平台的总体功能定位如下(上海研发公共服务平台调研报告,2012):满足科技创新创业需求,营造良好创新环境,特别是将中小企业的技术创新需求作为平台建设与服务的导向。上海地方科技服务平台建设的显著特点是以研发公共服务为抓手,不仅服务于科技创新的上游(科学研究)和中游(技术开发),还延伸到下游(技术转移和创业孵化),突出了为自主创新主体服务的思想。

江苏省创新创业公共服务平台(刘波,2007)的总体功能定位和基本框架是:根据系统集成、优化配置、共建共享的要求整合各类科技创新载体和创新资源,组建一批布局合理、特色鲜明、装备精良、技术先进、功能完善、运转高效、资源共享的科技公共服务平台,为科技创新、高新技术产业及社会事业的发展提供科技基础设施保障和条件支撑。

陕西省依据该省"十一五"规划和省中长期规划,选取了五大主导产业(装备制造、能源化工、航空航天、生物医药、电子信息)作为服务对象,建立了主导产业科技情报服务平台。陕西省主导产业科技情报服务平台主要提供两类服务:一类服务针对服务机构自身;另一类服务针对其服务对象,即主导产业企业用户和个人。信息资源包括专题数据库、特色资源库以及网络信息资源库三大类;通过对自建数据库、商业数据库、免费数据库、互联网免费信息资源的整合,实现对陕西科技信息研究所资源的统一检索、统一导航和知网节功能。在信息资源服务方面提供的功能包括了通用服务功能,如跨库检索、单库检索、资源导航、日志统计、文献传递、计费统计等基本功能;在个性化专项服务功能方面,包括个人用户个性化专项服务功能和机构用户个性化专项服务功能,包括专业技术热点推送、重大项目信息推送、技术发展趋势等(刘品阳,2009)。

珠海市公共科技服务平台是由科技文献信息平台、科学仪器设备共享平台、科技成果公共服务平台、产学研合作信息平台、中小企业信息化服务平台、广东专利信息平台珠海分站和由众多公共实验室组成的实验体系平台等若干不同部分组成。运行机制不完善,重建设而轻管理,这是当前区域创新体系建设中存在的突出问题之一，是造成许多公共科技服务平台运行效果不理想的首要因素。首先，缺乏平台建设与运行的长效运行机制。平台建成后需要持续投入人力、物力加以管理和维护，才能真正发挥平台的长效作用。但现实的情况是，很多时候，政府只在建设环节投入资金，平台的后期管理与维护、推广与应用只能依靠建设管理单位有限的人力、物力来完成，导致信息更新滞缓、应用不广。其次，缺乏科学的平台绩效管理，对平台的运行情况缺乏有效的监督与管理。

浙江省的公共科技服务平台主要有三类。自 2006 年至 2015 年，浙江组建了 33 个重大科技创新平台，其中公共科技基础条件平台（包括大型仪器、文献、实验动物、国境安全）有 6 个，公共科技行业创新服务平台（包括集成电路、新药、水稻、软件等）有 22 个，区域创新平台（包括纺织、渔业、五金）有 5 个。对这三类平台的功能定位，尽管各自开展的研发和服务活动相互交叉，但是各有各的侧重点。

1）公共科技基础条件平台的牵头单位主要是政府部门，如政府办公室、省财政厅、省科技厅、省教育厅等，主要功能是作为地方层面的基础平台，进行技术检测和标准建立，体现了公共性和服务性。

2）公共科技行业创新服务平台多数由高校、科研院所牵头组建或者企业牵头组建，自身研发创新能力较强，主要功能是发明专利和开展纵向、横向科研项目，培训人才，举办学术会议及推广技术成果。

3）区域创新平台多数是由区域创新中介机构牵头，或者由高校、科研院所牵头组建。

在组织体系的建设方面，长三角科技中介联盟也已成立。2010 年年底，宁波市已有科技公共服务平台 32 家（科技基础条件公共服务平台 13 个、产业技术创新型公共服务平台 12 个、技术检测公共服务平台 7 个），其中，省级科技公共服务平台 4 个。然而，科技中介服务行业仍呈现规模小、功能单一、服务能力薄弱的特点。

浙江省对区域创新有具体规定。首先，平台必须具备设计创新课题、承担科研开发、组织联合攻关的功能；其次，必须具备向本领域广大中小企业、科研人员提供研究开发、中试转化、检测测试等必要的仪器设备、场地和技术，必须承担面向社会提供优质优惠公共科技服务的义务；再次，必须具有传播科技信息，提供技术咨询和技术培训服务的功能；最后，平台必须具有明确的专业服务方向、量大面广的服务对象（服务对象一般应在 200 家以上）。

为了改善科技服务的发展与宁波经济不相适应的局面，《中共宁波市委宁波市人民政府关于建设国家创新型试点城市促进经济转型升级的若干意见》〔甬党（2010）6 号〕文件要求充分发挥民营企业运营的机制优势，根据区域发展特点，重点发展研发设计与创意服务、信息网络技术服务、节能环保技术服务、检验检测技术服务、发展技术市场中介服务、知识产权服务等6大领域的科技服务业。宁波市2015年培育50家科技服务示范企业，主要分布于研究与试验发展、技术转移、成果扩散、认证评估、技术检测、节能环保、知识产权服务等科技服务业领域。其中，“宁波市科技服务业示范基地”认定、培育20家示范基地。2010年，宁波市政府确定宁波和丰创意广场、创新128园区、宁波市大学科技园科技创业大厦、宁波市软件与服务外包产业园等10家首批市级现代服务业产业基地。

11.2 “南昌科技服务平台”创新案例

为了能够提前预估“面向制造业产业升级的科技服务及生产外包服务平台”搭建之后可能出现的问题，本课题组还选取分析了南昌科技服务平台，将其在运行过程中遇到的问题做出了分析，看到了许多值得借鉴之处。在此，以南昌科技服务平台（www.ncppc.cn）为例，举出其中值得借鉴学习以及在搭建宁波科技服务平台中需要避免和注意的事项。如图11-1所示的是南昌科技服务平台首页面。

图11-1 南昌科技服务平台首页面

调研组初步分析比较了南昌科技服务平台从运营起至今所发挥的实际功效，图11-2和图11-3分别展示了南昌科技服务平台基本框架和2009年至2013年南昌科技服务平台主要功能使用频率。

值得一提的是，调查组根据南昌服务科技平台上所能提供的数据，列举了其职能网站中科研力量、人才招聘和特色服务中的科技项目申报这三部分功能的使用情况，如图11-3所示，以南昌科技服务平台建立至今作为横向坐标，在科研力量、人才招聘、科技项目申报三个功能的政策文件发布为活跃度，反映出该科技服务平台部分功能使用度随时间下降，该平台中部分功能使用情况没有达到预期的目的。数据表明，南昌科技服务平台在2009年至2010年使用频率较高，而后呈现下降趋势，其企业招聘功能一直无法得到有效运用。

- 南昌科技服务平台
  - 科技资源
    - 仪器设备
    - 技术成果
  - 供需信息
    - 企业供应
    - 企业需求
  - 科研力量
  - 人才招聘
    - 专家人才
    - 企业招聘
    - 个人求职
  - 政策法规
  - 企业名片
  - 特色服务
    - 科技项目申报
    - 科技查新
    - 科技统计
    - 科技投/融资
    - 其他科技服务

图 11－2　南昌科技服务平台基本框架

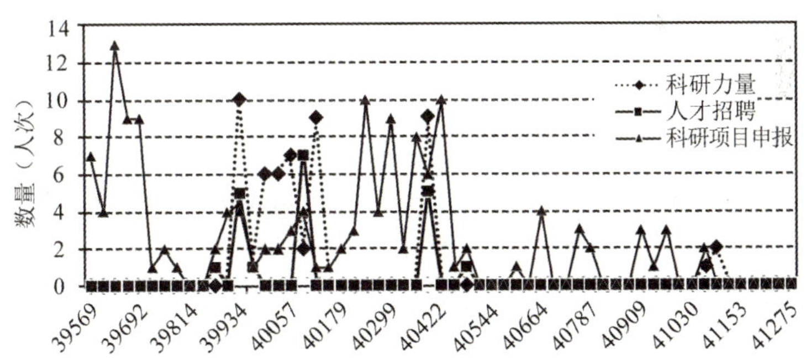

图 11－3　南昌科技服务平台 2009 年至 2013 年使用频率

注：活跃度采用该科技服务平台在一定时间内在对应功能中发布的政策文件数做定量统计

2009—2010 年（截至 2013 年）仅 18 份招聘事项，而人才求职更是廖廖无几，仅有一例可循。

另外，调查组也发现，在尝试注册南昌科技服务平台的时候，其资料要求较为完善，但是填写注册地址时，其默认的地区只有：江西（全部市县）、广东（广州天河区）、北京（朝阳区）、上海（闵行区），除此之外的地区根本无法完善个人资料，最终导致无法注册。调查组认为这或许是南昌市科技信息中心在开发平台时考虑不够周密，导致了这一限制该科技服务平台自身发展的状况的出现。当然，这也有可能是他们在周密考虑之后得到的结果，值得思考。

相对于这些，该科技服务平台在企业需求和企业供应等方面活跃度较高，由此可见其对于企业的运营发展在一定程度上还是做出了贡献。此外，该科技服务平台还为注册的企业及个人会员提供科技资源的查询，文献资料丰富，在一定程度上可以帮助企业和个人搜集得到自己想要的资料，这也是值得我们借鉴学习的地方。

11.3 宁波科技公共服务平台创新案例

宁波市对科技服务分成计算机服务、软件服务、知识产权服务、试验与发展服务、专业技术服务、科技交流与推广服务、其他等七大统计类型（国民经济行业分类目录）。宁波市的科技公共服务平台建设仍比较薄弱，截至 2010 年年底，宁波市有科技公共服务平台 32 个，而毗邻的南京市在 2009 年年底就有各类科技公共服务平台 78 个，是宁波市的 2.4 倍；国家级科技公共服务平台仅南京市就有 3 个，宁波尚未有过。良好的政策环境和正确的发展思路，不仅能引导科技企业和中介机构完善内部制度和管理模式，而且能吸引更多有能力的相关企业进入科技服务业，升级成为科技服务平台，并可以解决人才匮乏的问题（游建章等，2014）。

宁波市科技公共服务平台总体对外服务能力还有待于进一步加强。一些服务平台，如大型科学仪器协作共用网，目前更多的是通过网站提供信息查询、信息发布、资料检索等浅层次服务，服务平台在过程中间所承担的协调整合作用并未完全发挥。宁波市提出了“科技管家”科技服务新模式，已经初见成效。

科技管家服务是指针对企业现有的技术创新能力，通过对企业现场调研、信息采集分析、方案设计、员工培训等形式，为企业提供科技创新体系的建立、科技创新发展战略制定、科技创新优惠政策、科技创新项目管理等方面的咨询服务。

科技管家平台为企业提供科技服务全外包，企业将享受科技管家代理服务带来的科技服务管家式、一站式服务。科技管家服务模式能让企业专心于技术研发和产品生产，让科技服务机构全面为企业研发和生产提供科技服务。通过宁波市生产力促进中心提供的科技管家服务，为企业解决在接工业分包订单时碰到的产能、技术或产品品质上的问题，从而带动企业转型升级。可复制的科技服务模式在提升企业创新能力、提高产品竞争力、培育战略新兴产业、推动高新技术产业化等方面具有重要的作用。

目前,科技管家项目已面向宁波地区中小企业开展科技培训 1 万余人次;通过建立咨询服务专家库,已组织涵盖电子信息、生物医药、新材料、光机电一体化、新能源、资源与环境及管理、财务等领域的各类专家 250 余人,与数十家国外高校、研究院所,40 余家国内高校、研究院所建立了科技合作关系。每年这些高校、研究院所提供各类科技成果信息近千项,每年有近万家企业接受了科技管家提供的服务。

1. 服务流程的定义

如图 11－4 所示,科技管家的服务一般由企业访谈开始,经过对企业的诊断分析,确定服务内容,接着组建服务团队,与需求企业签订服务合同,最终进行正式的服务实施。

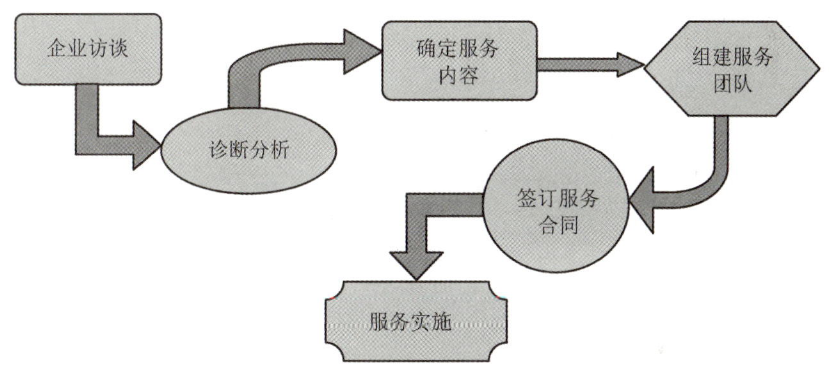

图 11－4　科技管家服务流程

2. 服务实施的路径

如图 11－5 所示,科技管家服务实施的路径主要依次经以下几个环节:企业调研,制定具体方案,创新体系培训,落实目标责任,分阶段实施,项目全程辅导,深度跟踪服务,延伸服务。

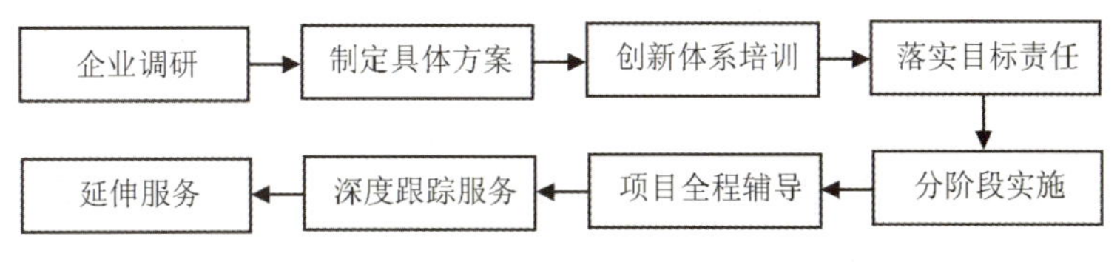

图 11－5　科技管家服务实施的路径

3. 服务团队的组织

宁波市生产力促进中心按业务类别可分成 6 个业务服务组:①政策咨询服务组;②科技创新战略咨询服务组;③科技创新体系建设辅导服务组;④科技创新项目管理辅导服务组;⑤培训业务服务组;⑥分区业务服务组。上述各业务服务组,根据企业需求可交叉组成业务服务组。

在知识产权的执法与维权方面，国家知识产权局开展了“雷雨”“天网”等执法专项行动，以打击小家电领域的违法生产厂家为重点，有效地保护自主创新专利。此外，浙江省内首家知识产权维权援助服务机构的公益热线“12330”已开通，为社会公众维权援助提供了重要的服务平台。

11.4 宁波市生产力促进中心科技服务平台创新服务案例

11.4.1 SPX 服务案例：XAD 汽车零部件有限公司

2013 年 2 月，宁波市生产力促进中心（以下简称中心）的科技服务平台（以下简称平台）通过接受 UNIDO SPX（联合国工业发展组织工业分包与合作交流中心）委托帮忙寻找国内供应商。由于此次订单的加工难度、工艺要求比较高，中心数据库资源信息虽然有很多家汽配行业的企业，但是符合要求的比较少，经过平台人员的努力，终于寻找到了 10 家符合采购商要求的汽车零部件生产企业。

经过对相关企业进一步的调研，最终确立 XAD 汽车零部件有限公司（以下简称“XAD 公司”）最符合采购商的要求。为了确保企业信息的真实性、有效性，本平台联系了西安 SPX 中心，委托他们安排和 XAD 公司进行调研和合作洽谈。

2013 年 5 月，平台负责人、西安 SPX 中心负责人一起对 XAD 公司进行了考察。XAD 公司位于中国东部山东省沿海，距离中国大型集装箱码头 150 千米，占地面积 3 万平方米，员工 300 余人，通过 QS 9000 以及 ISO/TS 16949 质量体系认证；与中国各大汽车公司合作过，主要生产汽车空气干燥器以及发动机、变速箱、制动系统配件等。公司设有铝合金压铸和重力铸造、热处理等毛坯生产线，并配有各式加工中心（见图 11－6）、数控机床等 80 多台套；配有三坐标测量仪、影像测量仪、

图 11－6　XAD 公司数控定梁式龙门加工中心

圆度仪、光谱分析仪、无损探伤机、金相显微镜等完善检测设备。发动机缸盖总成、干燥器产品出口到欧洲。公司拥有先进的 2D/3D 工业设计能力，通晓国际商务惯例，可以根据客户的实际需求批量生产，并提供稳定的质量和交货期控制，有效帮助客户降低采购成本。该公司在汽车行业积累了多年的加工经验，符合采购商的要求。同时，本平台和 XAD 公司达成了长期战略伙伴关系。

之后，西安 SPX 中心把一家采购商德国博世（中国）投资有限公司带到了 XAD 公司，为双方的合作牵线搭桥。

11.4.2　科技管家服务案例

1. 科技管家：RS 产学研联合体案例

RS 建筑节能科技有限公司（以下简称“RS 公司”）成立于 2007 年，专业从事建筑节能产品的研发、销售、建筑节能计算及咨询服务。公司总经理王总始终觉得企业投入再大，搞科研的“脑袋”不如高校科研专家强，搞科研的设备也不能和高校实验室的相比，和高校建立校企合作是企业更好发展、立于不败之地的关键。2009 年，笔者在了解王总经理的需求之后，搜寻了众多的高校相关领域的专家，最后认为浙大无机非金属材料研究院所王教授最为合适，通过平台的牵线，双方在几次面对面洽谈后达成了合作协议。此后，王总负责产业资本和经营管理，王教授负责研发，“双王”组合使“研发跟着市场走”，产学研联合体的效果显著，公司销售收入保持 20%～30%的增长速度，2011 年销售收入已超亿元。同时，王教授本人和浙江大学通过此次产学研合作也得到了一定的收益。王教授凭借 5.6%技术股，每年也获得了一定的经济效益，劳动价值和创新价值得到了体现，浙江大学与 RS 公司双方合作成立的研究生实践基地成为浙大科研人才培养的基地，RS 公司还向浙大材料学系提供教育基金，奖励优秀教师、学生，资助经济困难学生。RS 公司与王教授产学研合作，实现了高校、企业、专家三方共赢。

2. 科技管家：SY 项目联合研发案例

SY 能源科技有限公司（以下简称“SY 公司”）成立于 2008 年，是一家专业从事生物质热风炉、热水炉、生物质燃料、生物质燃料成型设备的研发、生产、销售、技术咨询等的节能环保科技型企业。2010 年，企业负责人在平台发布相关技术难题，希望能通过平台找到外界相关的技术支持，笔者马上针对企业情况在平台内寻找合适的合作高校，最后选择了河南农业大学。互相交流和沟通之后，双方的合作意向都很浓，最后通过我们的努力，SY 公司与河南农业大学农业部农村可再生能源重点开放实验室达成了合作协议，有了高校技术力量的加入，SY 公司的技术创新能力得到了显著的提升，双方合作研发了生物质燃料高温气流式集中烘烤系统。并且，该项目还成功申报了“国家中小企业技术创新基金”项目，该项目正式投产后预计年销售额将达1000万。

3. 科技管家：TT研发管理辅导与专利保护案例

TT园林股份有限公司（以下简称“TT公司”）成立于1996年，是一家集园林苗圃建设，苗木产销与服务，植物科技研发应用，风景园林设计、施工、养护于一体的综合性园林企业，公司注册资金8000万元。该公司近几年一直处于高速发展阶段，随着企业的进一步扩张，企业希望通过申报高新技术企业完善公司技术创新管理体系，促进企业健康发展。2011年，中心组织专家及相关人员实地了解后，发现该公司研发项目管理较为混乱，研发核算体系管理制度、研发人员绩效考核制度等相关制度基本处于空白状态。经过本中心科技管家服务团队的跟踪辅导，并邀请相关专家数次与企业管理人员、技术人员进行沟通，将该公司的多项核心技术进行专利申报。2013年，该公司共申报专利26项，其中发明专利4项，实用新型专利22项，获得授权国家发明专利2项，获得授权实用新型专利13项。2011年，成功申请了所在地的TT公司园林苗木工程（技术）中心，并积极开展与中科院自动化研究所所等科研院所的产学研合作；2012年，公司的“基于物联网的苗圃管理系统开发及示范”项目获得宁波市重大（重点）科技攻关计划的支持；2013年，公司获得“宁波市农业科技创新型企业”称号。

4. 科技管家：FM技术创新体系建设案例

FM橡胶有限公司（以下简称“FM公司”）是一家专业研发、生产、销售橡胶制品的股份合作制企业。当前，国内橡胶公司普遍存在自主研发能力差、产品规模小、专业化不强、与外资品牌相比缺乏竞争力等问题，这严重阻碍了橡胶行业的进一步发展，归根结底是自主研发及创新能力落后。FM公司负责人希望能通过科技服务平台的指导来组建技术创新体系，进行新产品的开发和生产，摆脱企业目前的困境。中心人员进入企业后初步了解到，企业的技术创新体系尚未建立。经过有序的前期辅导，理顺企业相关关系，为企业搭建研发组织结构与岗位设置。公司开发的新型结构的汽车多楔带，获得了国家实用新型专利1项，获得了“市级新产品”称号，目前已经转化为新产品并已经量产，成功为重庆力帆、长安等主机厂配套；自主开发的一种主体材料为三元乙丙（ethylene propylene diene monomer，EPDM）橡胶的切齿V带，获得了2项实用新型专利证书，并于2012年1月转化成新产品并批量生产，成功赢得国内主机配套厂和德国DT、美国MGM等客户的信赖；开发“同步带轮系开发设计软件”，已获得多项国家专利，同时该项目也已顺利通过重庆力帆股份有限公司的检测，完全满足力帆520车型的要求；2012年成功获得“高新技术企业”称号。

5. 科技管家：DL技术联合研发案例

DL农业科技有限公司（以下简称“DL公司”）成立于2010年7月，公司主要从事温室工程的设计与施工，新型农业设施、农业自动化、智能化设备的研究与开发。公司成立之初，企业在产品产业化过程中投入较大，企业负责人希望政府在项目产业化过程中予以支持。科技服务平台组织专家及相关人员实地了解后，认为该公司产品技术处于国内领先地位，项目产业化基础较好，产业化后能产生较大的社会和经济效益。针对公司的多项核心技术建议申请专利，完善公司的技术创新体系，2014年，该公司已拥有17项实用新型专利，多项市级新产品，2011年成功申请"宁波市留学生创新创业资金"，2012年申请"宁波市农村科技创新创业资金"，2012年成功获得"宁波市农业科技创新企业"称号，2013年获得"宁波市专利示范企业"称号。

2013年，该公司开发新项目"节能高效智能温室关键技术研究"，但在技术开发上遇到了瓶颈。了解DL公司的需求之后，笔者搜寻了众多高校相关领域的专家，最后认为杨教授比较合适，杨教授从事农业机械研究多年，具有丰富的开发及实践经验。通过我们的牵线，几次面对面洽谈后，双方达成合作协议。此后，产学研联合体的效果显著。

6. 科技管家：QL企业咨询管理系统案例

QL集团(以下简称"QL电子")成立于1978年，初期是以塑料模具设计开发及提供连接器厂商塑料零件为其主要营业内容。到了1981年，成功转型为连接器制造商。至今，已拥有产品设计、模具设计制造、自动装配机设计制造、射出、冲压及自动装配等能力，并超越同业跻身为五大连接器专业制造商之一。QL电子从事各类连接器的设计开发，主要产品如下：通信网络、笔记本电脑及LCD面板、个人计算机及服务器、计算机外设传输线、通信交换机、CEM/OEM/ODM客户委托设计制造。

QL电子凭借研发竞争力强、灵活度高、弹性佳、对环境变化之因应能力佳等优势，近年已成为国内首屈一指的专业连接器厂商。但同时面临着诸多发展瓶颈：①产品同构型高，同业削价竞争厉害，利润日趋微薄；②因企业信息化发展较慢，无法与国外大厂实行协同设计交付OEM/ODM订单；③上下游相关产业整合有待加强等棘手问题。

在此现状下，QL电子提出加强对产品开发项目的掌控，并减少产品开发时各部门沟通的障碍及有效管理(系统化)，以进一步全面缩短开发时程，并提升以客户满意度为首要目标的产品研发管理平台的咨询业务需求。

经过一段时间的调研工作，我们总结了QL电子目前所面临的主要瓶颈：经验的积累与传递并不理想，并无系统规范。经验没有积累成有效的内部系列化的设计标准和系列化的配置标准，并无一通用的Viewer来检视各种产品信息。目前，相关对象、相关时程及相关人员并不关联，致使搜寻困难，且易发生重大错误。目前产品开发流程及其文件控管为人工传签。时间浪费且流程易被堆积，PM 及决策者很难追踪产品状况。不知道产品开发延迟的关键为何，无法事先预警，以致无法有效地改善或避免项目进度的延迟等。

针对以上问题，我们提出了有针对性的解决方案：建立企业级的咨询管理系统，具体为以 WEB 为中心全球一致性关键资料（图、文、表）的保存、维护、分享、使用；各种数据信息（data information）在各个部门之间，以及在产品开发周期之中的一致性；传递产品信息的全球企业级的沟通与协调的系统；建立企业电子知识库管理（knowledge management）；建立企业级知识库浏览 Enterprise Visualization（Product View）工具平台。

QL 电子通过实施该解决方案能达到的预期效益，主要体现在管理及业务方面：①高阶主管及业务单位无论身在世界何处，均可透过因特网有效且实时地取得最新的产品信息及项目进度，以便快速做出反应及决策；②业务单位可随时透过因特网抓取某产品设计档案，借以与客户沟通，及早了解客户实际需求，未来更可透过权限控制，开放给客户浏览，提供客户了解实时信息，争取更多订单；③在公司内部，设计文件及图面以电子形式储存，容易搜寻及有效管理。在竞争优势方面预期效益如下：①架构一套符合企业精神及实现企业愿景的全球化产品信息管理系统，进而架构完整的电子商务（e-business）；②产品研发部将需要分享的工程图文表放在因特网上供相关部门查看，这样他们可专心于产品开发，从而缩短产品的上市时间；③将产品信息及开发流程（样板）电子化储存及套用，累积员工个人智慧成为企业智慧，提供查询；④产品生命周期中的所有流程由 Project Link 串联，不但节省过去公文传签及照会各单位的时间，而且更可节省许多不必要的会议。

7. 科技管家：JT 技术创新管理系统及产学研合作案例

JT 环保科技有限公司（以下简称“JT 公司”）成立于 2010 年，公司主要从事污水处理研发工作。该公司近几年一直处于高速发展阶段，随着企业的进一步扩张，企业希望通过申报高新技术企业完善公司技术创新管理体系，促进企业健康发展。2013 年，中心组织专家及相关人员实地了解后，发现该公司的研发项目管理较为混乱，研发核算体系管理制度、研发人员绩效考核制度等相关制度基本处于空白状态。经过本中心科技管家服务团队跟踪辅导，并邀请相关专家数次与企业管理人员、技术人员进行沟通，帮助公司制定了严格规范的项目立项报告，以及《科研立项管理制度研究开发经费管理办法》《研发部门工作管理》等管理制度，建立研发人员的绩效考核制度，积极促进其与江南大学建立产学研合作关系，签订合作协议，将该公司的多项核心技术进行专利申报。2014 年，该公司共获得授权专利 4 项，其中发明专利 2 项，实用新型专利 2 项，2014 年成功申请了宁波国家高新区餐饮污水处理系统工程（技术）中心，2014 年成功申请成为宁波市科技型企业，并获得“国家高新技术企业”称号。目前正积极准备“科技型中小企业发展专项资金科技创新”的申报。

8. 科技管家：LA 产学研合作案例

LA 电子有限公司成(以下简称“LA 公司”)立于 2009 年，公司主要经营 LED 模组的研发、生产和半导体照明产品的技术咨询及技术服务。该公司近几年一直处于高速发展阶段，随着企业的进一步扩张，企业希望通过申报高新技术企业完善公司技术创新管理体系，促进企业健康发展。2013 年，本中心组织专家及相关人员实地了解后，发现该公司研发项目管理较为混乱，研发核算体系管理制度、研发人员绩效考核制度等相关制度基本处于空白状态。经过本中心科技管家服务团队的跟踪辅导，并邀请相关专家数次与企业管理人员、技术人员进行沟通，将该公司的多项核心技术进行专利申报。2014 年，该公司共获得授权专利 16 项，其中实用新型专利12 项，外观专利 4 项；2014 年申请了宁波国家高新区 LED 智能控制工程(技术)中心，公司积极开展与浙江大学宁波理工学院的产学研合作；2014 年成功申请成为宁波市科技型企业，并获得“国家高新技术企业”称号。目前正积极申请宁波市 LED 智能控制工程(技术)中心，并筹备“宁波市‘十城万盏’半导体照明应用工程补助专项资金”项目的申报。

9. 科技管家：ZF 技术创新管理体系辅导案例

ZF 电子科技有限公司(以下简称“ZF 公司”)成立于 2009 年 8 月，主要从事电热膜、电热产品、取暖器的研发、生产及销售。近几年，公司发展迅速，企业希望通过与中心签订科技管家服务，创新企业技术创新管理体系，促进企业健康发展。2012 年，中心组织专家及相关人员实地了解后，发现该公司研发费账目罗列不清，研发管理制度混乱，大专学历以上人员占比相对较小，针对这些问题，经过科技服务平台科技管家服务团队跟踪辅导，并邀请相关专家数次与企业管理人员、技术人员进行沟通，帮助公司制定了严格规范的项目立项报告，以及《科研立项管理制度研究开发经费管理办法》《研发部门工作管理》等管理制度，建立研发人员的绩效考核制度，并在人员招聘上注意高学历人才的引进，提升企业的技术开发能力。2014 年，该公司共获得授权实用新型专利 8 项，2012 年“高效长寿的节能取暖器发热体(碳高温变体膜)”项目成功申报“科技型中小企业技术创新”基金，获得国家财政资金支持。2013 年成功申报了宁波高新区金属发热膜工程(技术)中心。

10. 科技管家：JO 专利保护合作案例

JO 光电科技有限公司(以下简称“JO 公司”)成立于 2013 年，公司主要业务是焊接防护、呼吸防护、听力防护、面部防护和头部防护等个人安全防护产品的研发、制造和销售。该公司 2013 年销售额达到 876 万元，2014 年销售额已达到 4840 万元，发展势头较好。随着企业的进一步扩张，企业希望通过与中心签订科技管家服务,创新企业技术创新管理体系,促进企业健康发展。2013 年,科技服务平台组织专家及相关人员实地了解后,发现该公司专利主要以外观专利为主,研发项目的管理制度相对较混乱,针对这些问题,经过科技服务平台科技管家服务团队跟踪辅导,并邀请相关专家数次与企业管理人员、技术人员进行沟通,帮助公司制定了严格规范的项目立项报告,以及《科研立项管理制度》《研究开发经费管理办法》《研发部门工作管理办法》等管理制度,建立研发人员的绩效考核制度,在专利申报上,提高实用新型和发明专利的申报数量。2014 年,该公司共获得实用新型专利 29 项,软件著作权 2 项,申报的"BANTEN - 700N 新型自动变光焊帽""CHARM - 350F 新型自动变光焊帽""GREAT - 800T 新型自动变光焊帽""PEAK - 600E 新型自动变光焊帽""SUPER - 850R 新型自动变光焊帽" 等产品,获得宁波市级新产品,2015 年申报了宁波国家高新区 JO 自动化焊接防护工程(技术)中心,同时积极申报宁波市科技型企业、国家高新技术企业,提升企业整体素质。

11. 科技管家:JY 技术创新管理系统与专利保护合作案例

JY 信息科技有限公司成立于 2011 年,主要从事新媒体领域的影视流通服务,是宁波市 16 个"智慧城市合作企业"之一、中国工信部授权的"增值电信业务经营许可企业"、宁波市智慧城市应用试点单位。近年来,该企业发展势头良好,随着企业的进一步扩张,企业技术创新管理体系需要进一步发展。2013 年,科技服务平台组织专家及相关人员实地了解后,发现该公司专利研发项目管理还存在一定问题,针对这些问题,经过科技管家服务团队跟踪辅导,并邀请相关专家数次与企业管理人员、技术人员进行沟通,帮助公司制定了严格规范的管理体系,包括《科研立项管理制度》《研究开发经费管理办法》《研发部门工作管理》等管理制度,建立研发人员的绩效考核制度,截至目前,该公司共获得授权和软件著作权 8 项,2013 年成功申报宁波市科技服务业示范项目"新媒体影视流通服务平台",2014 年成功申报宁波市科技型企业、国家高新技术企业。

12. 科技管家:LT 设计与网上项目合作案例

LT 新能源汽车(以下简称 LT 汽车)是专业从事新能源微型电动汽车的设计、研发、制造、销售的高科技企业。LT 汽车于 2012 年 10 月按国际微型电动车标准进行总体规划,项目总投资 10 亿元;项目一期投入 3.5 亿元,规划年产能达 5 万台,企业一期规划占地 4.6 万平方米,建筑面积 3.8 万平方米,拥有焊装、涂装、模具制造及总装制造四大工艺车间,均已完工并即将投入使用,总装车间为目前国内最长、自动化程度最高的微型电动汽车专业生产流水线。

传统汽车的整体冲压一次成型车身结构,其精度主要由模具和焊接夹具来保证,技术上已经非常成熟,但是其前期投入巨大;而 LT - E002 微型电动车研究开发这个项目的型材焊接骨架+注塑覆盖件结构在前期的投入上大大减少。LT 汽车在自己企业条件受限制的情况下，与同济汽车设计研究院有限公司合作，委托其研发了这个项目。本中心根据企业实际情况，帮助企业申请了网上技术市场产学研合作项目，企业成功获得了项目补助。

该项目属于新能源汽车领域，节能环保，批量销售后能有效缓解能源紧张、环境污染、城市拥堵等一系列问题，协助加快城镇化发展，带来极大的社会效益；另一方面，该项目独特的车身结构设计大大降低了制造成本，从而降低了电动汽车的价格，独有的价格优势将能够快速且持续地创造利润点。预计近两年新增销售额达 33000 万元，产生利润 3000 万元，产生总税费 2500 万元，能带来巨大的经济效益。

13. 科技管家：QS 研发项目管理合作案例

QS 壳体有限公司（以下简称“QS 公司”）初创于 2004 年 7 月，注册资金 5000 万，是专业的电力仪表壳体、计量箱生产厂家，集外观设计、模具开发，结构件组件生产加工于一体，是国内目前规模最大、品种最齐全的智能电表结构组件和计量箱生产厂家。

一直以来，公司十分重视提高自动化生产水平。目前，公司厂区拥有多条自动化流水线，70 多台国内最先进的各类注塑机，公司今年继续投入大量资金笔采购了近 2000 万的新设备，其中重型注塑机 20 余台、注塑机取件机械臂 30 台，全力打造无人化车间，实现机器换人，预计减少人工 30%。

QS 公司计划享受高新技术企业相关政策，便向科技服务平台咨询。经过科技服务平台科技管家的前期跟踪辅导，根据高新技术企业的申报要求及企业现有的情况，通过多次沟通，制定出了辅导方案。由于 QS 公司是家传统企业，在研发费归集等方面不是很完善，中心管家与企业财务人员讨论，使得研发费记账更加合理规范。通过双方的共同努力，完成项目材料的编写，最终成功获得“高新技术企业”证书。该公司良好的管理，给企业带来了可观的经济效益，2014 年销售额达 2.5 亿元，2015 年销售额超过 3.5 亿元。

14. 科技管家：TL 知识产权管理合作案例

TL 电子股份有限公司（以下简称“TL 公司”），是一家专业生产、制造精密模具和注塑的企业。公司成立于 1989 年 5 月，2008 年 2 月迁入新区，新区工厂占地面积约 8 万平方米。经过二十几年的发展和成长，TL 公司拥有当今世界一流的模具制造、加工设备，注塑成型设备及先进的精密检测设备。

公司坚持以技术创新推进企业发展的经营理念，重视知识产权管理。目前公司拥有专利 22 余项，其中发明专利 6 项，并积极将相关专利技术运用到实际生产制造过程中，提高了知识产权成果转化率。但是该公司知识产权的规范化管理方面还有所欠缺，经过本中心科技管家的指导，对企业现有的相关管理制度进行核实，确定适合 TL 公司的知识产权管理政策和程序文件。最终认定总经办为知识产权管理职能部门，统一管理知识产权保护工作，针对侵犯公司的商标、商号、专利等行为，积极开展维权和预防工作。经过一系列的努力，TL 公司有 7 名研发人员配合专利工作，使公司的有效专利拥有量直线上升。公司明确了专利工作的岗位职责，与相关人员签订了保密协议，落实了专利奖酬措施，所有这些，都为 TL 公司的增强核心竞争力打下了结实的基础。

15. 科技管家：YR 规划辅导案例

YR 车业有限公司（以下简称“YR 公司”）成立于 2010 年，坐落于交通便利的慈溪杭州湾新区，公司注册资金 3000 万元，是专业从事自行车、电动车及运动机械铝合金材料的研发、生产、销售的外资企业，是浙江省同行业中规模最大、设备最全的专业制造企业。公司一期占地面积达 3 万平方米，厂房建筑面积达 1.5 万平方米，公司月产量达 4 万辆，年产量达 50 万辆。公司产品采取比欧盟 EN 标准、美国 CPSC 标准和日本的 JIS 检测标准更严格的质量标准，所生产的高品质系列电动车、山地车、海滩车、折叠车、跑车车架等行销全球多个国家和地区，以及国内各主要城市，并已形成高效率的营销系统。

公司领导者希望企业团队管理、财务管理及项目管理上能够更加规范，特邀请科技服务平台的科技管家对企业现状进行了解。通过多次的交流及对企业的深入了解，科技服务平台的科技管家对企业的发展、项目申报做了 3 年的规划。此规划赢得了企业高层的高度认可。按照预期目标，2014 年该公司已成功申报了区级工程中心。公司对于科技创新能力提升的意识也大幅提升，现已获得实用新型专利 5 项，外观专利 1 项，1 项发明专利正在申请中。未来 3 年将继续加强这方面的意识，争取申请专利数达到 20 项以上。

16. 科技管家：YLJM 知识产权管理规范标准辅导案例

YLJM 精密模具有限公司（以下简称“YLJM 公司”）创立于 2005 年，是一家专业从事精密注塑模具制造、塑料制品成型加工、喷涂、组装的股份制企业。产品主要为高档汽车仪表系列、汽车空调控制器、出风口及其他汽车内饰件产品等。公司主要客户为国内外知名的汽车一级配套生产厂商。公司地理位置优越，环境优美，交通极为便捷；现拥有两座新式标准厂房，公司占地面积 1 万平方米；现有员工 270 人左右，其中高级专业管理人员和专业技术人员 70 余人；公司实施 TS16949 质量管理体系，导入 ERP 生产运营管理系统。

公司认识到知识产权对企业的影响，同时也认识到知识产权布局对企业发展的重要性，决定贯彻知识产权标准。本中心科技管家根据 YLJM 公司的需求，到企业深入了解目前的知识产权管理情况，发现存在许多不规范的现象。科技管家和高层的交流，使得企业高层重视知识产权相关工作，推动了企业实施知识产权管理规范标准。企业全体员工已经有了知识产权相关意识，也正在积极准备知识产权管理文件。希望通过贯标这件事，企业对于知识产权的管理能有质的飞跃，给企业带来质的提升。

17. 科技管家：RM 创新体系建设与项目管理辅导案例

RM 电器有限公司（以下简称"RM 公司"）成立于 2003 年，是一家专业从事电器附件和通信类产品的研发、生产、贸易的科技型中小企业。金融危机对该企业的冲击很大，企业的主营业务收入下降很多。公司负责人苦于产品单一、技术含量低、利润薄，希望能通过中心的指导来组建技术创新体系，进行新产品的开发和生产，摆脱企业目前的困境。

平台人员进入企业后初步了解到企业的技术创新体系几乎空白。经过有序的前期辅导，理顺企业相关关系，为企业搭建研发组织结构与岗位设置，并同时选择王教授为企业建立适度的结构化工作流程。经过中心人员的辅导及高校科研机构的技术支持，企业的技术创新体系成功组建，并开始实行严格的绩效管理考核体系和技术创新项目管理体系，计划每年开发 4～6 个新产品，2014 年，企业年销售额突破 8000 万元。企业通过科技创新带动公司主营业务收入有所突破，非常成功地从传统行业快速转型为新兴产业，并取得很好的经济效益和社会效益。

18. 科技管家：SJ 项目产业化辅导案例

SJ 机械有限公司（以下简称"SJ 公司"）成立于 1995 年，公司的主营产品压铸机随着外围环境的变化一直处于销售量下滑状态。2006 年，公司开始投入研发资金，在原有生产压铸机设备的基础上，利用公司加工和装配的技术优势，探索多工位全自动冷镦机绿色设计方法，通过分析冷镦工艺机理及机器结构特性，进行以节约资源和清洁化生产为目的的结构优化设计，将"绿色"与"增长"有机结合，通过近三年的研究开发，提出了冷镦机总体绿色设计方案，实现了冷镦机关键部件的节材优化设计、润滑冷却系统绿色设计和油雾处理。2009 年，企业在本项目产品产业化过程中投入较大，已申请一定程度的银行贷款，企业负责人希望政府在项目产业化过程中予以支持。中心组织专家及相关人员实地了解后，认为本项目产品技术国内领先，项目产业化基础较好，产业化后能产生较大的社会和经济效益，积极着手引导和帮助企业申报国家中小企业创新基金项目，经过中心相关人员前期的跟踪辅导，数次与企业技术人员就核心问题进行沟通，拟定出项目技术的创新点和工艺方案，同时与企业财务人员讨论与核算，确定项目执行期内的预期经济指标，整理相关附件，最终完成项目材料的编写。2009 年，项目顺利通过宁波市创新基金专家组评审并推荐至国家，2010 年经过国家专家的评审给予本项目立项支持。通过创新基金的支持，本项目技术获得了多项有关绿色设计和油雾处理等发明专利及实用新型专利，形成了自主知识产权系统，为解决冷镦机的清洁化生产和降低碳排放做了切实有效的工作。2010 年，本项目产品销售额达到 9000 万元。

11.4.3 科技金融服务案例：ZX 物联网科技金融案例

ZX 物联网科技有限公司(以下简称“ZX 公司”)成立于 2008 年，是一家拥有自主研发，极具创新精神的物联网新型高科技企业，聚集了一大批包括留学回国、中科院学习背景等在内的优秀人才。

公司致力于实现“让人们随时随地、随心所欲地控制和感知所属设备”。经过多年的物联网基础技术储备，公司开创性地将当下最顶尖的移动互联网、云计算、物联网技术有机融合，独创“移动云物联”概念，并利用 ThinkCloud 云计算、ThinkNet 端处理协同工作的专利技术，创立了全宅智能品牌 ThinkHome，ThinkHome 系列产品以其稳定性、耐久性、兼容性、经济性受到越来越多的专业人士及普通用户的欢迎，并且其爆发式的增长率与巨大潜在市场，获得了国内外风投人士及机构的青睐与支持。物联网是时代发展的必然，ZX 公司人已经整装待发。

然而，初创期的企业总是缺少资金的支持。2013 年，在目前产品已经完善的情况下，需要再投入 200 万元，主要用于旗舰展厅与市场拓展的投入。企业通过平台找到科技金融服务部门，科技金融服务部门经过详细的调查，发现该企业符合天使投资引导基金的投资标准，最后向该企业投资 50 万元，帮助企业解决部分资金问题，为企业创造良好的创业环境。

5 年的技术耕耘、上千万研发投入，使 ZX 公司已在物联网行业处于领先地位。公司先后获得了 6 项“移动云物联”相关专利，部分专利技术处于国际领先水平。公司先后被国家级媒体报道 3 次、省级媒体报道 16 次、市级媒体报道 86 次。

11.4.4 技术转移案例

1. 技术转移案例：TZ 水产加工副产物资源化优质高效饲料开发技术案例

TZ 农业水产发展有限公司与浙江大学合作开发的人工软颗粒海水鱼养殖饲料投入市场，将减少海水鱼养殖过程中对鲜杂鱼的依赖，降低饲料成本 20%，4 年内能为企业增收 750 万元，并减少养殖过程中氮和磷排放 15%以上，保护海水养殖生态环境，对东海海域海水鱼类养殖业的健康、可持续发展具有重要意义。

科技服务平台了解到企业的优质海水养殖饲料开发的具体需求后，为企业联系了浙江大学宁波技术转移中心人员，对方为企业联系了邵教授，经过双方的多次交流洽谈，“水产加工副产物资源化优质高效饲料开发” 技术开发合同于 2012 年 2 月 28 日签订。

2. 技术转移案例：β 半水石膏增强剂技术案例

通过中国创新驿站针对企业需求，加强与各地区创新驿站沟通和联系，通过协同合作的方式为企业提供技术对接服务。如中心了解到上海技术交易所杜永春副部长的“β半水石膏增强剂”的技术需求后，及时了解技术需求的详细信息，并为企业联系中国科学院宁波材料所的刘建莉教授，后刘教授与上海技术交易所同仁一起开展协同合作。

3. 技术转移案例：氧化铝陶瓷产品耐酸碱度问题案例

NBD 精密件有限公司主要生产与开发各种氧化铝精密陶瓷，在生产过程中产品的耐酸碱度无法达到相应的指标要求，科技服务平台了解到该企业的技术需求后，通过中国创新驿站与上海同仁联系，帮企业与上海硅酸盐研究所专家牵线搭桥，就相应问题进行技术对接。

4. 技术转移案例：电镀镀铬技术案例

CT 汽车部件有限公司主要产品为汽车保险带，成品都需要经过委外加工镀铬工艺，加工后氰化物的含量无法测定，所以不能掌握成品的性能指标。企业需要一种设备或者技术来测定氰化物含量。中心科技服务平台在了解其需求后，与宁波表面工程研究中心取得联系，为企业解决相应的技术问题。

5. 技术转移案例：OLCJ 集团和浙江大学长期合作协议案例

OLCJ 集团委托科技服务平台寻找水处理技术领域的高校、研究院所开展长期的技术合作。科技服务平台在了解其主要技术指标等相关问题后，和浙江大学宁波技术转移中心人员联系，共同推荐浙江大学化工系聚合物工程研究所和 OLCJ 集团开展长期战略合作。

6. 技术转移案例：铜阀门强度与减重仿真分析技术服务案例

AMK 有限公司是一家生产加工企业，公司占地 21 万平方米，现有员工 1200 余人，各类专业技术人员 450 余人。主要生产铜阀门、铁阀门、不锈钢阀门、水暖器材、水表、铝塑复合管及铜管道配件等系列产品，品种多达 3200 多种，年产量超过 2000 万只(套)。

AMK 公司是中国最大的铜阀门生产和出口基地，也是中国五金制品协会副理事长、全国阀门及水暖洁具行业协会理事长单位。产品不仅品种多、规格全，而且具有外形美、性能佳、品质优等特点，多次获得名牌称号，并取得 ISO 9001：2000 质量管理体系、ISO 14001 环境管理体系等一系列国际认证。2002 年，水龙头产品又获“全国水龙头行业十大知名品牌”称号。

随着近年来原材料价格的一路攀升和市场竞争的日趋激烈，如何在保证产品品牌质量的前提下，有效降低原材料在生产成本中所占的比重，提高企业竞争优势一直是摆在 AMK 公司技术研发部门的一个重要课题。

AMK 公司及美国合作伙伴是一直致力于为制造业企业提供产品研发、设计、产品质量验证、产品制造全流程相关世界一流工具软件与技术服务的专业机构。在接到 AMK 公司的技术服务需求后，科技服务平台派出了专业的技术工程师与厂方技术人员就以上问题进行了深入的交流和分析。最终确定采用美方提供的 Mechnica 有限元分析工具模拟铜阀门的静态与动态受力状态，依据科学数据分析如何在最大程度上满足阀门强度指标的情况下优化阀门的结构设计，以达到减重的目标。经过连续 10 天的计算机模拟及大量的运算工作，平台技术工程师为 AMK 公司技术团队提供了一整套准确的数据、图表，为下一步调整产品结构提供了可靠的科学依据。

11.4.5 展会服务案例

1. 展会服务案例：国际钣金、锻压工业展览会服务案例

金华 HL 科技有限公司是一家软件开发公司，也致力于电子商务平台的研发与运营。公司在得知科技服务平台网上展会商务系统后，对此系统非常感兴趣，同时想亲身感受下具体服务情况，所以一直在找机会了解系统服务情况。

得知 2013 第十四届广州国际钣金、锻压工业展览会即将开幕，他们要求参加此次的网上展会，并于 2013 年 5 月 27 日注册了公司会员，虽然距离展会开幕(2013 年 6 月 16 日)还有半个月的时间，但平台相关人员仍对他们做了详细的讲解，这也就是所谓的售前服务，只不过平台的服务是网上商务服务，就注册、登录、会员中心、订单模块、搜索模块等做了全面的介绍。

该公司相关领导同时也询问了他们的参加人员，得到如下反馈：原来传统的走秀模式在网上同样能感受到，不光售前服务做得非常全面、周到，而且这也将给公司节省一大部分差旅费开支。

2. 展会服务案例：国际模具展览会服务案例

第七届广州国际模具展览会于 2013 年 9 月 24 至 26 日在中国广州保利世贸博览馆成功举行，云集来自 13 个国家及地区共 350 家模具制造商，在面积达2 万平方米的展馆内，展示琳琅满目的模具和压铸产品及问题解决方案。

作为区内首选的模具商贸采购平台，本届展会吸引了 17289 名来自汽车产业、电子电器、家电、航空航天、船舶制造、通信行业、消费品及医疗产业等制造相关领域的专业观众聚首一堂；当中，国内观众 14628 人；海外观众来自 48 个国家及地区，共 2643 人，较 2012 年上升 59%。2013 年更迎来超过 60 个买家团莅临参观，代表团人数超过 1000 名，包括来自比亚迪、爱迪达、欧司朗和丰田汽车等知名品牌的专业买家，前来寻找产品设计、成型及批量生产的各种解决方案。

主办单位广州光亚法兰克福展览有限公司副总经理梁志超先生表示：“我对(2013 年)莅临的参展商及观众数目非常满意。模具行业与工业发展互相影响，Asiamold 作为行内年度盛事，2013 年一如既往，为业界呈现模具技术最新趋势，为

行业把脉。许多展商和观众均认同本展会有助他们广拓商脉、挖掘商机。”

2013 年，展会获得许多塑胶铸模等制造商、模具产品分销售及 3D 打印等参展企业的赞赏，认为展会有助于他们与目标观众建立联系、提高品牌效益，并能有效地展现各企业的独特优势。

第七届广州国际模具展览会召开之前，科技服务平台负责人及时与其联系，最终通过平台的专业性和影响力度达成了合作，通过平台广告投放，商家直接通过网站预约参展，其中包括思美创科技有限公司等多家参展商家，而思美创科技还主动在平台上致谢，发来照片庆祝其参展的成功(见图 11－7)。

图 11－7　思美创科技展台

注：图片由思美创提供

3. 展会服务案例：第三届中国智慧城市技术与应用产品博览会案例

第三届中国智慧城市技术与应用产品博览会(以下简称“智博会”)于 2013 年 9 月 6 日至 8 日在宁波盛装启幕(见图 11－8)，展会继续围绕主题“荟萃智慧应用，建设智慧城市”，坚持国际化、专业化、规模化的发展方向，秉承“展览、会议、交易、体验、互动”五位一体的办会理念，以渗入新技术、新方案等的智慧应用为导向，以智慧城市建设解决方案为载体，以供需对接为手段，紧贴行业应用需求，更好地汇集全球智慧和力量，共同探讨智慧城市建设的新理念、新模式和新经验。

(a)

(b)

图 11－8　第三届中国智慧城市技术与应用产品博览会

智博会是由国家工业和信息化部、国家广播电影电视总局、中国科学院、中国工程院、中国电信、中国移动、中国联通、浙江省人民政府、国家八大省部级单位共同主办，是中国首个以“智慧城市”为主题的国家级重点展会，也是“十二五”规划期间重点培育的展会之一。

2013年6月初，科技服务平台联系了智博会组委会相关负责人洽谈相关合作事项，智博会负责人对本平台进行了调研和讨论，分析决定委托本平台负责智博会展客商网络推广、展会数据分析系统、展客商平台数据推广、定向精准客户信息推送、平台广告推广等事宜。不仅如此，本平台还同步在线视频直播智博会，很好地宣传了此次展会。通过本平台，第三届智博会预定了客商68家，服务商25家，参观展商132家，为第三届智博会顺利开展做出了推进作用。

本届智博会展出面积逾2万平方米，中外参展厂商超300余家，特装展位面积高达75%，参展的知名单位有中国科学院、国家广播电影电视总局、中国电信、中国移动、中国联通、航天科工集团、中国电子集团、IBM、微软、塔塔、SAP、华为、中科曙光、方正、浪潮、东软、中兴、上海贝尔、大唐、CSST、银江股份等。本届智博会国内省市参展参会代表团组达30余个，观摩团50余个，专业观众超过2万人次，总参观人数超过5万人次。专业客商包括来自北欧各国、韩国、日本、中国台湾、中科院系统、全国副省级城市经信委系统、浙江省内经信委系统及主要企业、三大运营商系统、全国行业协会各地分会代表团、各大行业领域企业管理层代表等。

4. 展会服务案例：第十七届宁波国际服装节案例

宁波国际服装服饰博览会，简称“服博会”，是UFI国际认证品牌、中国国家商务部A级展会、中国最具影响力品牌展会、宁波国际服装节的重要经贸活动。服博会以“创意宁波、霓裳东方”为主题，以“打造中国服装名城”为宗旨，以国际化、品牌化、专业化、市场化为方向，通过举办产品展示与交易、产业合作与交流、趋势发布与论坛等活动，使宁波成为纺织服装生产的基地、交流的中心、发布的窗口，不断提高宁波服装产业在国际、国内的影响力。

宁波是“红帮裁缝”之乡，中国近代服装业的发祥地，中国的第一套西服、第一件中山装、第一家西服店、第一部西装裁剪书都出自宁波。如今，宁波已成为中国最大的服装生产基地、中国服装品牌基地和出口服装品牌基地。宁波拥有各类服装生产企业3000余家，年产服装近15亿套，占全国服装总产量的13%以上，涌现了雅戈尔、杉杉、罗蒙、唐狮、洛兹、太平鸟、培罗成等26个中国驰名商标和20个中国名牌。

第十七届宁波国际服装节是由宁波市政府会同中国纺织工业联合会、中国服装协会等权威机构联合打造的国际性产业发展平台。

第十七届宁波国际服装节以“创意宁波、霓裳东方”为主题，秉承“依托产业、服务产业、提升产业”的宗旨，以“内需主导、国际合作、产业升级”为主线，通过举办服装展览交易、时尚发布、趋势展示、对接洽谈等专业经贸活动，引领产业时尚，促进产业转型，积极打造纺织服装产业发展和创新驱动的服务平台，不断提升宁波服装品牌和城市品牌。

2013 年下半年开始，该组委会在本平台发布通告，吸引许多商家纷纷联系，通过本平台得到了许多国内客商、服务商、参观展商的预约，助力第十七届宁波国际服装节。据组委会统计，本平台预定的商家具体数据为：客商数 89 余家，服务商数 55 家，参观展商 168 家。其中，包括唐狮(见图 11－9)、博洋等大型企业。

(a)

(b)

图 11－9　宁波国际服务节唐狮展台

注：图片由唐狮提供

据了解，本次服装节，各展团收获颇丰。其中，坦桑尼亚外商现场向步达预订采购 1000 件运动休闲服；西班牙 GALPISAC 企业负责人 Rosana 女士在现场洽谈后，直接赴巴比乐乐工厂参观等。50 多名客商向全合女装表达了合作意向。杉杉有 20 个客商意向加盟，固曼则有 30 家客户直接订货。飞虹在现场成交衬衫 4000 件订单，澳大利亚客商下单 3.5 万套睡衣，上海的贸易公司下单 3500 套校服。象山的恒大制衣收到西班牙客商 5 万～6 万件服装的订单，金额12 万美元左右，香港客户下单 10 万件服装，意向金额 40 万美元，澳大利亚客户下单1.5 万件服装，金额约 7 万美元。龙基接到一笔 25 万件服装的订单，金额达150 万美元。盛升接到波兰客户 30 万件服装 60 多万美元的订单，美国客户 40 万件服装近90 万美元的订单。辛巴呐呐童装接到 19 个加盟意向，主要来自新光百货、宁波二百、深圳万象城、万达北京总部、新华联杭州总部等商场。斐戈服饰有 12 个客户意向加盟，预计总金额超过 2000 万元。溢达的意向客户将近 60 个，包括杉杉、狮丹努、帅帅虎等 40 余个宁波企业。休童装接到加盟意向 100 多个，瑞麟有十几个外商现场表达合作意向。

5. 展会服务案例：杭州文化创意产业博览会案例

杭州文化创意产业博览会(以下简称“杭州文博会”)自 2007 年创办以来，

着眼于“精、专、特”的办展思路和“国际化、产业化、专业化、品牌化”的培育目标，以3年为一个周期进行培育打造，目前已成为宁波市发展文创产业，打响“全国文化创意中心”品牌的重要会展平台，并被《中国创意产业发展报告(2012)》列为中国创意产业的四大重要会展之一。此外，2012年杭州市正式加入联合国教科文组织“全球创意城市网络”，成为中国第一个“工艺与民间艺术之都”。同年，杭州又肩负起打造“国家科技与文化融合发展示范基地”“两岸文创产业合作实验区”的重要任务，这些都为杭州文创产业实现跨越式发展赋予了新的内涵。

图11-10　杭州文博会

2013年杭州文博会采取“一主二副三馆联动”的办展模式，进一步扩大规模、提升水平，展示及活动规模达到40万平方米，邀请全球60余个国家及地区的文创机构、企业、人士前来参展参观，展示国内外最新的文创产业发展成果，进一步提升杭州文博会的国际知名度与业界影响力，整合形成全市大文创、大会展的良好格局。

虽然文博会一直有独立的预约参/观展网站，但是在推广力度方面还是远远不够。2013年7月份，本平台接到文博会委托宣传，通过本平台的全面报道和信息展出，许多商家都了解了文博会，并且预约参与文博会，预约用户中有参观展商、客商、服务商数家。与此同时，平台还与文博会签订了长期合作关系。

6. 展会服务案例：外贸工厂展览会

“制造者”外贸工厂展览会(秋季)携手云启易展科技打造全新外贸工厂展，采用云启易展科技开发的会展供应链管理平台，成为此次展会的亮点，并得到宁波市政府的大力支持。2014外贸工厂展览会春季展于2014年11月19日至23日在宁波国际会展中心7～8号馆举行。本届展会设展位1000个，展出面积近2.5万平方米。

外贸出口行业出口产业链中，中小微型制造工厂存在信息不畅、出口渠道不广、出口业务较难的现象，而手握订单的出口贸易商或外商有时也找不到合适的加工、生产、供货工厂，产业链中的此环节存在着消息互通的诉求。在这种现象普遍存在的情况下，组委会通过租用会展供应链管理平台，外贸工厂展览会的参展商以外贸生产型企业为主，通过先进的管理系统整合业务渠道，帮助众多的中小型外贸工厂拓宽产品的外销业务渠道，帮助众多的出口贸易商和外商找到更多更合适的产品供货、加工、生产工厂。

外贸工厂展览会经过 5 年的发展，已累计展出面积 13 万余平方米，到会专业客商近 4 万名，按国际专业展会模式运作，外贸展已初步成为一个外贸行业内知名的品牌展会。众多参展商对外贸工厂展览会的预期也在调整。随着展会规模与质量的同步提升，更多的参展商希望除了通过展会接受订单之外，寄望于利用宁波市生产力促进中心科技服务平台，及时掌握国际前沿的行业信息，了解境内外采购商的市场需求变化，吸取国内外同行的好做法，及时有效地整合市场资讯，为企业决策上的调整提供重要的依据。

11.4.6　国际买家服务案例

1. 国际买家服务案例：ZGL 服务案例

ZGL 是一家香港贸易公司，主要出口日用品、婴幼儿用品。随着该公司的不断发展，2010 年在浙江宁波设立办事处和加工厂，严格控制质量，并不断开拓新产品。从客户的开发，到原材料的采购，再到产品的加工和包装，以及船务，该公司层层把关，坚持把最好的服务卖给客户。

图 11－11　ZGL 公司车间及产品

2012 年 7 月，该公司的业务人员联系了平台，想长期和平台合作。不久，该公司的相关负责人就与平台的负责人进行了洽谈，双方达成了共识，建立了友好的合作伙伴关系。合作之后，该公司与平台共同积极进取，为促进国内外贸的发展共同努力。在共同的努力之下，该公司取得了良好的业绩。

2. 国际买家服务案例：安徽 ND 案例

安徽 ND 服饰有限公司是宁波娇丽服饰有限公司投资的全资子公司，公司于 2008 年筹建，位于安徽省合肥市庐江县柯坦镇，占地面积 1.2 万平方米，总建筑面积 6000 平方米，一期工程办公楼、厂房已全部建好，公司预计规模 300 人，目前员工人数 120 人。主要生产中高档休闲系列服装，公司环境优美，设备齐全，技术力量雄厚，为客户提供高品质产品。安徽 ND 服饰有限公司的车间和产品如图 11－12 所示。2013 年上半年，该公司通过本平台的国际买家信息，于 2013 年 6 月 13 日洽谈成功一笔交易，具体内容为休闲夹克，数量为 6696 件。

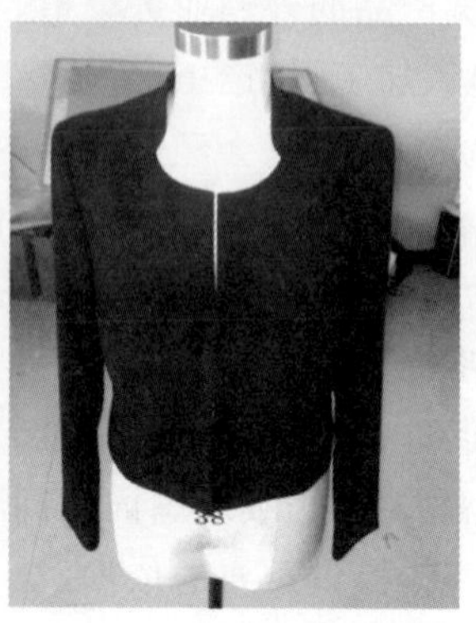

图 11－12　安徽 ND 服饰有限公司的车间和产品

3. 国际买家服务案例：ZK 气动设备有限公司案例

ZK 气动设备有限公司是一家专业设计和生产气动元件的企业。企业所有的气动元件设计，可以根据设备的要求，如高精度、高可靠性、高效率和易于安装设计。主要产品包括气缸、阀、气源处理单元、管和接头。阀包括电磁阀、空气控制阀、速度控制阀、手动阀和机械阀。产品被广泛应用于各个领域，如整车组装线、电子、食品、水处理、化工、橡胶、塑料、纺织、造纸、印刷和机床。公司在研发方面投入了大量的人力物力，以保证企业在领域的领先设计。质量严格执行 ISO 9001：2000 质量管理体系，以满足各种要求。企业产品在北美、南美、欧洲、亚洲、澳洲等国家和地区很受欢迎。2013 年上半年，该公司通过本平台的国际买家信息，于 2013 年 1 月 30 日洽谈成功一笔交易。具体内容为气缸，数量：200 条；销售地区：加拿大；客户：METAL GAYA INC(见图 11－13)。

菜单 修改 新增 打印 输出Excel 打印条码 图片 附件 查出货 查进货 商品管理 查单 出库 上一张 下一张 作废 修改历史 改数量 改单价 删商品 采购申请 客户 供货 销售 退出

销货开单　客户名称：　零售单号：R0201306070004　已出库 未审核 ☑ 保存完打印

经 手 人：孙朝　结算方式：现金

单据日期：2013- 6- 7　发票方式：

运输方式：　仓　库：广州市丹磊汽配仓库　折 扣 率：100 %

说　明：

商品明细 常数：680 金额：76800 ☐ 显示库存列表　☐ 显示调研　备注：

	商品代码	商品名称	车型	规格	产地	单位	数量	单价	金额	仓位	开单价	商品名	车型(己	产地(己	规格
1	27060-50250	丰田-发电机	凌志400 2UZ 扁差	2V 100A	欧斯诺	台	100	320	32000		320	丰田-발	凌志40	欧斯诺	12V
2	27060-35160	丰田-发电机	22R 扁		欧斯诺	台	20	190	3800		190	丰田-발	22R 扁	欧斯诺	
3	31100-RNA-AC	本田-发电机	思域1.8L FA1 06-	80A 7S	欧斯诺	台	50	380	19000		380	本田-발	思域1.	欧斯诺	12V
4	28100-50040	丰田-起动机	凌志LS400/UCF10/	9T	欧斯诺	台	100	220	22000		220	丰田-起	凌志LS	欧斯诺	9T
5															
6															

图 11－13　DL 公司的出货单

4. 国际买家服务案例：广州 DL 机电有限公司案例

广州 DL 机电有限公司经销批发的起动机、发电机、助力泵、电喷件，畅销于市场，在消费者当中享有较好的声誉。该公司与多家零售商和代理商建立了长期稳定的合作关系，同时也与平台搭建了伙伴关系。

该公司经销的起动机、发电机、助力泵、电喷件品种齐全、价格合理，而且该公司实力雄厚，重信用、守合同、保证产品质量，坚持以多品种经营特色和薄利多销的原则，赢得了广大客户的信任。

2013 年 6 月，在平台的协助之下，一个黎巴嫩的客户与该公司进行了二次洽谈。因为该公司是自有厂家，所以在价格方面很有优势，吸引住了客户。双方的洽谈也进行得非常顺利，成功签约订单。如图 11－13 所示，具体内容为：发电机、起动机，数量：270 台；销售地区：黎巴嫩。

5. 国际买家服务案例：LD 实业有限公司案例

LD 实业有限公司是一家香港企业，在宁波设有办事处。该企业是专业从事笔类为主的文具用品的生产、销售及国际商贸。2013 年上半年，该公司通过本平台的国际买家信息，洽谈成功谈成一笔国际交易，产品由宁波市北仑区大碶宇轩机械厂生产。如图 11－14 所示，具体内容为：圆珠笔数量：50000；销售地区为泰国。

LEAD INDUSTRIAL CO.,LTD　　**订单号**　L3030702

立德实业有限公司

地址：宁波市鄞州区天童北路1353号一号门B座402室，315000　　日期　2013年 3月7 日

电话：15355138100　传真：0574-88132545　　页码　1 of 1

供方名称：宁波市北仑区大碶宇轩机械厂

地址：

电话：0574-8610324(手机：

传真：0574-86103246

联系人：谢益平

一.订购产品

序号	工厂货号	品名	单位	数量	含税单价	税率	总金额	交货日期
1	ECOPEN03A	咖啡色PLA配件，纸杆笔杆，机器卷 笔芯1.0mm，蓝色油墨（**笔杆没有印刷**）	支	50000	0.50	含税	25000	2013/4/1
合计总金额（大写）		贰万伍仟元整				总计	25,000.00	

订单说明：

产品图片

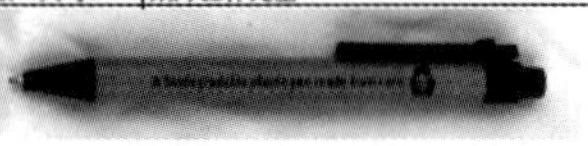

交期：

在保证质量的前提下，请尽量往前提，谢谢！

备注：

大货品质：请严格控制好质量，谢谢！

大货数量：按照订单数量，不得有短缺，任何样品都不允许从大货中提取

产前样：

大货样：　大货完成后请提供每色5支

包装/唛头：1支/OPP袋，50支/本色纸盒（同图片一样），1000支/外箱

二．供方应保质,保量将"一" 款产品送到需方指定仓库.

三．运费和包装费由供方承担.

四．产品质量检验有供方提供样品,经需方验收合格后封样作为验货依据

五．法检产品由供方产商检，在交货期前一周内将预检单交到需方

六．付款方式　开票后10天内付清

七．由于质量问题引起的客户索赔，其经济损失由供方承担；如因供方无故拖延交货期，每天按定金 5 %支付违约金

八．双方发生纠纷，应共同协商解决，如协商不成，诉诸需方所在地方法院

图 11－14　LD 实业有限公司的订单

6. 国际买家服务案例：ZR 进出口有限公司案例

ZR 进出口有限公司于 2002 年注册成立。截至 203 年以来公司用他们的实际行动在行业内树立了较好的口碑，同时，也在第一时间内给客户传递国家相关政策的变化，并且与平台一直保持着密切的联系。ZR 公司的运单如图 11－15 所示。

该公司强调诚信经营的同时，也在不断强调规范经营。公司要求员工学习海外法律和其他进出口规定，也非常重视对合作客户信用的了解。2003 年，该公司连续 3 年被国家外贸部评为“中国民企出口百强”。后来，通过平台与该公司的共同努力，2008 年公司的外贸出口额已经超 2 亿美元；2009 年又成为“宁波外贸出口十五强”，同年又被宁波海关升级为 A 类企业。他们在珍惜这份荣誉的同时，更深刻地认识到这份荣誉与平台的努力密切而不可分割。付出终有回报，本平台赢得了客户高度的信任。

Order of Oct 25th to be shipped byJan 15th latest (Partial shipt allowed earlier)

P.O. 6605 Amended

Your Item No.	Our Item No.	Description	Qty/ ctn							TOTAL Pcs	FOB USD	TOAL Amount
				Green Verde	Sky Blue Azzurro	Beige Beige	Fuchsia/Bw Fuxia	Blue Blu				
151051	**66020**	Scarf 95% Viscosa 5 % Lurex	36		**420**	**420**	**420**	**420**		**1680**	2,52	**4.233,6**
				#15 Blue Blu	#6 BeigePeach Pesca	#9 PinkRed Rosso	#11 Turquoise Turchese	#6 Grey Grigio				
159902	**66021**	Scarf 80% Cotton 20 % Linen	36	144	144	72	72	180		**612**		
159902	66026/SF				108		72	72		252		
	Total			**144**	**252**	**72**	**144**	**252**		**864**	2,6	**2.246,4**
				Blue Blu	Grey Black Nero	Brown Marrone	Pink Rosa					
159977	**66023**	Scarf Silk/cotton	36	360	360	396				**1116**	2,88	**3.214,1**
				Off White Panna	Pink Rosa	Black Nero	Grey Grigio	Beige Beige	Blue Blu			
	66024	Scarf Linen with sequins	36	540	360	408	612	396	216	**2532**	3,8	**9.621,6**
								Total	**Pcs**	**7056**	**USD**	**19.315,7**

Packing Details For items In Black Colour
1.-Each piece in printed polybag with marked in black colour GMV - GIAN MARCO VENTURI -
On polybag must be put sticker barcode
2.-Each piece need care label with composition and " Made in PRC - Fabbricato in R.P.C."
3.-Each piece must have woven label Gian Marco Venturi.
4.- Each piece with hangtag GMV- GianMarcoVenturi with sticker bar code in the back side of hangtag
On the GMV hangtag will be stick the secure sticker B&D which will be given to you.
5.-12pcs in big polybag with sticker with marked Art. No........ - 12 Pcs. 36 Pcs Ctn.
GMV BAR CODE NO. Will be given to you in a short time.

Packing Details For items In RED Colour
1.-Each piece in plain polybag
2.-Each piece need care label with composition and " made in PRC - Fabbricato in R.P.C." standard as for GMV
3.-Each piece must have woven label SANDRO FERRONE whiwh will be given to you.
4.- Each piece with hangtag SANDRO FERRONE with sticker code in the back side as per our instruction.
5.- 36 Pcs / ctn -

Carton Marks details explained here under

图 11－15 ZR 公司的运单

7. 国际买家服务案例：YY 车身有限公司案例

YY 车身有限公司创建于 2005 年，是集商用车车身研发、制造于一体的民营企业。该公司地理位置优越，位于东风汽车和世界文化遗产武当山风景区所在地的湖北十堰高新技术开发区，交通十分便利。该公司占地 4 万多平方米，员工 300 人，其中高级工程师 15 人，高级经济师 5 人，建筑面积 2.5 万平方米，总资产近亿元。现已发展成为一家集车身冲压、焊接、涂装、内饰四大工艺于一体的生产企业。

公司主要生产的产品有 YY1730、YY1880、YY2025 系列轻型车车身，1141G、1061G、1230V、T300V 、YY260 系列中型车车身，1290W、T300W、YY270、YY280 系列重型车车身。其中，YY280、YY270、YY260 产品已拥有外观等多项专利。

该公司已通过 ISO 16949 国际质量体系认证，连续几年被评为“重合同、守信用”企业称号曾被评为“AA+”企业和“全国最优秀的汽配生产商”“东风公司优秀配套商”等。公司产品深受东风新疆汽车有限公司、东风神宇车辆有限公司、长安重汽集团、东风实业车辆有限公司、东风专用底盘有限公司、东风随州专用汽车有限公司、东风创普汽车有限公司等主机厂家的一致好评，已和多家主机配套厂家达成长期战略合作伙伴关系。该公司于 2009 年投资 6000 万元建设新厂区，现已建成拥有国内先进的阴极电泳涂装线和国内先进的焊接线、装配线，具有年生产 3 万多台套冲压件和年产 3 万多车身总成的能力，年产值约 3 亿。二期建成后能达到 6 万多台车身总成能力。

2013 年 2 月，中心接到了 YY 车身有限公司电话，他们在平台上看到了急寻汽车零部件的采购活动，来电咨询。在了解了活动详情以后，他们提交了供应商产能信息表。与此同时，他们对我们平台也相当关注，注册并成为高级会员。通过平台为外贸业务员提供的资源优势，他们更快更有目标地寻找到了采购商，目前年销售额已有 8000 多万。其中一小部分产品如图 11－16 所示。

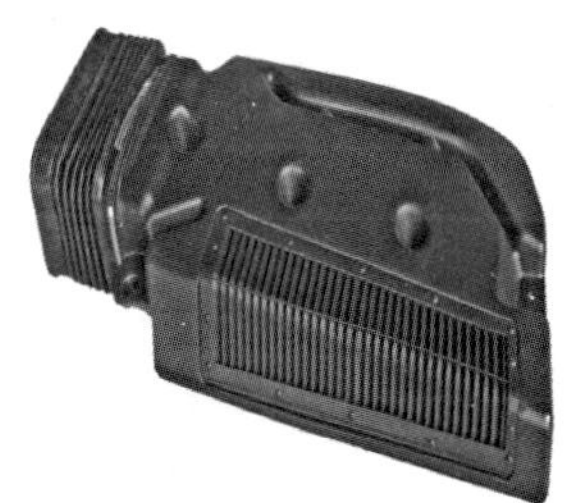

图 11－16　YY 车身有限公司的部分产品

8. 国际买家服务案例：MY 工艺品案例

MY 工艺品有限公司是一家贸易公司，公司规模不大。由于现在外贸行情不好，利润太低，所以找合适采购商很难。从 2012 年的 12 月起，该公司自己开始生产加工围巾，价格有竞争力。2013 年 2 月，通过本平台该公司联系到了美国的一家零售商达成了贸易合作，具体内容为：围巾；数量：30684 条；销售地区：美国，终端零售商：BIGLOT。

9. 国际买家服务案例：QY 工艺制品有限公司案例

QY 工艺制品有限公司成立于 2006 年，专门从事餐馆、酒店和酒吧倒酒器、酒塞、餐巾环、冰块、冰桶和其他同类产品的生产和供应。2012 年 7 月,该公司的业务人员通过本平台开发了不少潜力客户。2013 年上半年,一个潜力客户因为价格合理,于 2013 年 4 月 15 日成功签订合作合同,具体内容为:塑料杯子;数量 19000;销售地区:丹麦;终端零售商:HAMMERS。

10. 国际买家服务案例:HY 箱包皮件有限公司案例

2013 年 1 月,本平台接受联合国工业发展组织工业分包与合作交流中心(UNIDO SPX)委托寻找国内供应商。本平台在为美国某箱包企业寻找 OEM 代工企业当中,寻找到了 10 家符合采购商要求的箱包代工企业。HY 箱包皮件有限公司就是其中一家。

HY 箱包皮件有限公司成立于 1997 年,占地面积 4.2 万平方米,员工人数达到了 800 人,包括 58 名技术人员和 85 名管理人员,2012 年的出口额达到了1.3 亿元。虽然在 SPX 项目中该公司未能与北美采购商合作,但却让 HY 箱包皮件有限公司对平台有了很好的认识,留下了深刻的印象。此后,该公司充分利用了本平台上的数据,发挥了本平台让外贸业务员化被动为主动的优势。通过大家的共同努力,该公司拿下了一笔数量为 100000 的订单(见图 11-17)。

HS Code HS 编码	Description 说明/特性	Details 详细说明	Quantity 数量	Unit Code 单位编码
4202121000	箱包		100000	只

图 11-17 HY 箱包及订单

11. 国际买家服务案例:ZF 塑业有限公司案例

ZF 塑业有限公司位于环境优美、经济发达的中国塑料模具之乡——黄岩,是一家专业生产垃圾桶、塑料托盘以及其他塑料产品的厂家,主要销往中东等地。进入市场几年来,ZF 塑料有限公司产品覆盖了全国各个城市,拥有生产各种颜色以及各种层次产品的专业技术,积累了重要人脉资源,该公司生产规模日趋扩大,解决了很多人的就业问题。经过几年的潜心经营,该公司业绩日趋提高。

本平台客服通过对老会员的回访,了解到该公司的一些销售情况,他们告诉我们:“中东现在对塑业方面的需求有所下降了,要通过好多的邮件往来,才能下一个小订单，金额也就五六千美金，还要继续开拓其他的市场。”同时，由于现在外贸进入了淡季，人民币一再升值，国内总体的外贸形势处于低潮，除了要维护好老客户以外更需要开发新客户，因而该公司对平台上的信息都十分关注，积极寻求采购商信息，坚持发送开发邮件。

12. 国际买家服务案例：ABT 电子有限公司案例

ABT 成立于 2001 年，注册资本 525 万美元，总投资 1100 万美元，是一家集氙气灯(LED、HID、HED)产品的研发、生产、销售于一体的高新技术企业，并成功地将氙气灯的技术应用于道路照明、商业照明、警用移动照明、海洋作业照明等领域，道路照明领域的技术为国内之最，为创导高效节能照明开了先河。

据 ABT 电子有限公司负责人王先生介绍：“公司在 2013 年以前都是以替香港总公司生产为主，2013 年开始独立接单，很巧的是碰到了你们平台，通过你们的买家匹配服务，我们认识了香港的 JaJ Enterprises Hong Kong。我们香港总公司的外贸人员联系了该公司，结果一拍即合，达成了首批 6000 组 LED 灯的订单合作，效率真的很高。由此，总公司对我们刮目相看，我们觉得这种服务很新颖，这个平台挺不错。希望能继续给我们带来更多的订单。”

13. 国际买家服务案例：CX 智能科技有限公司

CX 智能科技有限公司是在 2012 年 6 月正式加入平台的，负责人董总对 LED 灯具行业非常精通，外贸经验丰富，该公司的业务主要集中于灯具的工程项目方面。在合作的第一年，平台便让董总收到惊喜，谈成一个协议为期 3 年的大订单，并且该国外采购商成为其后期稳定的老客户。这让董总更加信任平台的能力和平台的服务，后续一直很用心地按照销售经理和客服人员的服务建议跟陌生买家建立联系，积累了大量的准客户。

14. 国际买家服务案例：LM 电器有限公司

该公司经理从事净化器特别是车载净化器的外贸销售已有十多年，2013 年 8 月加入平台，第一个星期，就成交了一笔俄罗斯的订单。通过平台，每周都能联系上 2～5 个对口买家，而且都是真实可靠、针对性很强的。他分享道：“我们其他平台也做，但是付了钱后就在等客户联系我们，有或没有都只能等，而你们平台直接给我们提供这么多买家去联系，多联系多获得，所有员工都自觉地去多联系买家，根本不用我们去督促。”在客户交流沙龙上，公司经理激动地分享了他的经验：“买家就在那里，你联系到位了，他就是你的客户，多劳多得，能者多得。你们平台给我们的就是一块土地，我们当然会在自己的土地上辛勤地去耕种。”公司经理的分享得到了很多客户的认同，也给了其他客户很多好的建议和意见。

15. 国际买家服务案例：CJ 纸制品厂

CJ 纸制品厂的陈总从来没有想到自己还有做外贸的一天。此前，工厂一直在做周边地区的包装生意，一个偶然的机会，陈总接触了平台，参加了平台的分享沙龙，在其他平台用户的启发下，茅塞顿开，于是通过平台联系了许多采购礼品的买家，告知买家自己是礼品的包装生产商，可以提供优质的礼品包装产品。2013 年年初，一个迪拜的大买家给中国江苏的一个工厂下订单，采购大量的高端头巾，明确指定 CJ 纸制品厂为其提供高端的包装纸盒，乐得公司老总直呼："没想到在你们平台连这么神奇的事情都会发生，希望平台能提供更多的买家。"

这家工厂的成功案例也给平台提供了一个新的思路：买家采购电器却不会单独采购包装盒，所有包装盒的工厂可以联系采购电器的买家；某机械需要 A、B 两种配件，那么生产 A 配件的工厂可以联系采购 B 配件的买家；生产原料的工厂可以联系采购需要此原料来生产机械的买家。

16. 国际买家服务案例：LY 服装有限公司

LY 服装有限公司成为平台客户 2 年以来积累了 20 多家常联系的国家买家，每年的广交会则是公司许总与这些买家的"见面会"，广交会前他都会联系买家告诉买家他的摊位号，邀请买家直接来摊位或利用空余时间与其见面洽谈。虽然之前他们都只是通过邮件联系，但是在广交会见面时他们能迅速地建立信任感，直接洽谈订单细节。通过这种模式，公司已经和欧美的多家采购商达成了合作协议，出口量逐年递增，至 2013 年已通过平台成交 350 万元的出口，外贸部也扩编了 20 多人。

17. 国际买家服务案例：HL 汽车电器有限公司

HL 汽车电器有限公司是一家具有自营进出口权，专业生产汽车电器产品，铁路、公路、桥梁、煤矿机械紧固件的国家高新技术企业，已形成汽车中央控制器、继电器、点烟器、开关总成、集控盒、电子风扇等 6 大系列产品，百余种汽车电器产品，年生产 1000 万套以上，公司集产品设计开发、模具制造、注塑、零部件加工、成品组装于一体，使产品的开发周期大大缩短，可及时为客户提供适用的产品，具备与汽车主机厂同步设计研发电器零部件的能力。该公司通过平台销售空气滤清器、燃油滤清器、机油滤清器和空调滤清器。

2014 年 1 月，平台上有一个斯里兰卡客户急需采购空气滤清器、燃油滤清器、机油滤清器和空调滤清器等汽车电器配件。平台找到了 HY 汽车电器有限公司，该公司的规模、品质等方面的优势吸引了买家，双方很快就达成了合作意向，买家特地来工厂参观洽谈，回去后就发来了 100 多万的订单。公司负责人表示，如此高效的下单还是第一次碰见。

18. 国际买家服务案例：XR 模具机械有限公司

XR 模具机械有限公司（以下简称"XR 公司"）在生产外包平台上获得了 2 个买家的订单，均来自美国，其中一个是塑胶成型工艺（手机滑盖），另一个是钣金及结构件工艺（折弯）。加入平台以来，公司已经获得 20 余个订单，这还不包括老客户线下的订单。老板吴总表示，他能源源不断获得订单的重要原因是公司工作细致周到、响应速度快及产品品质好。

XR 公司于 2013 年年底加入平台，到现在已经近 2 年，"最初是平台的专业性、针对性强吸引了我，并促使我成为会员。"XR 负责人表示，"成为平台的付费供应商会员以来，接触了不少客户，拿到过很多订单，其中不少客户都成了自己的老客户，从平台认识，发展成为线下的长期合作伙伴，其中有一家美国公司已经和我们做了 160 多万美元的生意了。"

当然要获得订单并不是轻而易举的事情，XR 公司一直很用心地在做，经常登录看买家信息，仔细研究买家的工艺需求，给客户的报价也非常详细。公司负责人在报价时经常会附上给买家提的一些问题、建议或解决方案，这让买家感到他们非常专业且有实力，这也为 XR 公司赢得订单起了很好的推动作用。

服务细致、品质优良、响应速度快，这是 XR 公司给客户留下的较深刻的印象。也因为这样，XR 公司得到了很多老客户的青睐。有个客户，通过平台跟 XR 公司合作过，后来在平台上又发布了订单，XR 负责人也去报了价，他的价格其实相对比较高，不过后来客户还是选择和 XR 公司合作，主要还是由于他们良好的服务和优良的品质。

"目前，XR 公司主要通过平台做生意。"XR 负责人说，"希望平台能越办越好，能给我们供应商带来更多的客户和订单。"

19. 国际买家服务案例：YR 科技案例

YR 科技有限公司成立于 2005 年，是一家高新技术企业，专业生产和销售报警器、探测器、感应器、游泳池报警器、溺水报警器、个人报警器、防丢器、红外报警器、门窗报警器、漏水报警器、报警器锁、仿真探头等产品。产品远销德国、美国、加拿大、韩国、印度等地。

客户反馈：我司是 2014 年 2 月加入平台的，虽然加入平台只有较短时间，但是我们已经收到了不少高质量的询盘，都是针对探测器、感应器、游泳池报警器、溺水报警器、个人报警器的。由于询盘质量好，买家的回复率也高。目前，已经谈成了 3 个样品单，另外还有其他的询盘在跟进。这 3 个样品单一个来自德国，为游泳池报警器；一个来自澳大利亚，为门窗报警器；还有一个是美国客户，购买了我们的个人报警器。相信他们会满意，然后跟我们继续合作，大批量采购我们的产品。

20. 国际买家服务案例：YSJ 机械案例

YSJ 机械股份有限公司从事外贸出口已经有十几年了。以前都是通过参加交易会来寻找客户，自从电子商务开始流行后，公司也加强了在网上推广产品的力度。期间走了很多弯路，尝试过在一些 B2B 网站和搜索引擎上进行推广，但是花了很多费用后却没有相应的效果。

最后通过朋友介绍知道了平台，对这种新的模式很感兴趣，决定试一试。于是，于 2014 年 4 月成为平台会员，从平台获取采购询单，效果很不错，经过不长的时间就谈成了 4 个新客户，来自美国、澳大利亚、德国等国家。其中一个客户准备下第二单了。

该公司发来反馈："很希望能继续跟你们平台继续合作下去，相信在未来的日子里，我们和 Maya 能够一起做得更大、更强！"

21. 国际买家服务案例：OJ 进出口案例

OJ 进出口有限公司是一家外贸公司，在成立之前，公司老总当过高中老师，后来又在美国公司的宁波办事处任过职。按照 OJ 老总的话说，打工赚得太少了，所以在 2009 年，她和丈夫一起成立了公司，自己当起了老板，主要做机械加工、模具、注塑等产品的外贸生意。

OJ 老总说，她是通过朋友介绍知道生产外包平台的，刚开始她只是平台的体验会员，而且在后来的很长一段时间里，对平台也只是尝试看看，未投入足够多的时间和精力。起先 OJ 曾做过 google 的关键字广告。OJ 老总透露："做了一年左右，才几个询盘，效果并不大。"感到客户难找，她想起了朋友曾跟他说过的本平台，于是就抱着试试看的心态开始关注、了解，其间与平台客服人员不断沟通了解、观看操作演示等，在几个月的"考察"之后，OJ 于 2013 年 5 月成为了平台的正式会员，并开始了在平台的生意之旅。截至 2013 年 9 月，OJ 已经从平台获得了来自欧美买家的 3 个订单，而据 OJ 老总透露，加上线下获得的订单，OJ 公司获得来自平台的订单已经超过 7 个。

22. 国际买家服务案例：KY 特种橡胶案例

KY 特种橡胶有限公司主要依据客户及市场需求生产汽车、卫浴、家用品、电子、玩具和其他工业品配套的橡胶零配件。公司刚成立时只做贸易，为国外买家寻找合适的供应商，KY 橡胶的专业服务能力赢得了众多买家的好评。

由于 KY 橡胶产品是以出口为主，因此用 B2B 外贸平台找客户对 KY 橡胶老总来说是必须要做的事情，他刚开始选择了国内知名的两家 B2B 平台，投入了较多的费用加入成为会员，满怀期待地开始在上面找客户，但一年多下来，结果却让他非常失望，零零散散几个小订单，且都是一次性的生意。"他们的内容太杂了，而且上面的买家更多的是来收集供应商信息的，并不是带着明确的产品订单来的。"KY 老总做了如此总结。期间，他联系上了科技服务与生产外包平台的业务人员，通过与业务人员不断沟通了解，于 2013 年 10 月正式成为会员。提及为何在其他 B2B 平台受挫后还依然加入宁波科技服务与生产外包网，KY 老总说："平台上的买家都是带着明确的采购需求来找供应商的，询盘都有图纸，有的还有保密协议，这是很真实的，正是这一点吸引了我。"

然而，在刚加入的前几个月，并没有像张总想象的那样一下子有很好的效果，张总甚至一度失去信心，在客服人员的细心帮助之下，在如何使用系统、如何在平台展示自己、如何报价、如何跟客户沟通等方面，张总和 KY 橡胶都做了很大的努力，或许可以用“认真、努力做好每一件事”来描述他们的风格。功夫不负有心人，没过多久，KY 橡胶迎来了第一个客户。客户对张总说：“你的报价并不是最低的，之所以把订单给你，是因为你更了解我们的需求，我们很放心。”

随着第一个订单的到来，张总对平台有了新的认识，后来又陆续从平台获得了一些订单。2014 年 7 月，KY 橡胶获得了一个来自中国台湾买家的订单，产品是饮水用器上的一个橡胶圈，订单金额为 15 万美元，目前已经在生产中了。

11.4.7　大型仪器服务案例

1. 大型仪器服务案例：MEF4M 金相显微镜服务案例

所用仪器设备名称：【MEF4M 金相显微镜】

基本情况：委托单位送检炼钢厂 $55^{\#}$ 桁车主起升钢丝绳，使用 10 个月后发现钢丝脆化现象，钢丝外表面氧化、锈蚀严重。通过大型仪器网与服务单位联系，服务单位对失效现场和对失效件进行分析与金相试验，结果表明材料具有铁素体解理断裂特征，属于脆性断裂，而且该脆性主要来源于材料反复在高温下使用的过程中组织的改变，使其力学性能降低，由此而形成。

取得成效：通过对主起升钢丝绳进行失效分析，查找出失效原因，生产厂家在产品质量控制上更好地把握关键技术，从而为用户采购相关材料提供了较多的质量控制约束条件。

2. 大型仪器服务案例：工业 CT 系统服务案例

所使用仪器设备设施名称：【工业 CT 系统】

基本情况：BGHN 汽车零部件（宁波）有限公司的主要业务是为各大汽车厂商提供汽车用零部件，其产品背板和消音器经过了实时成像检测，但在供给客户解剖后仍然发现有小缺陷。他们在网上查找，通过浙江大型仪器网找到设备，通过试验后，确认该工业 CT 系统完全可以满足其产品的检测要求。

2012 年，为 BGHN 汽车零部件（宁波）有限公司检测了数十件背板和消音器产品，发现很多小缺陷，保证了其产品的出厂质量。

取得效益：通过与 BGHN 汽车零部件（宁波）有限公司的良好合作经历，现在设备单位还与经其引荐的多家单位进行了合作，不仅取得了良好的经济效益，而且产生了巨大的社会效益。

3. 大型仪器服务案例：定氢仪、氧氮分析仪服务案例

所使用仪器设备设施名称：【定氢仪、氧氮分析仪】

基本情况：TAK机械制造有限公司创建于1986年，是一家以大型机械制造为主导产业的大型工业企业，以创建国际一流企业为目标，努力打造世界业内知名的国际化公司。该公司严格对原材料和产品的成分把关，需要对不锈钢等材料中的氢、氧、氮三个元素进行测试。为此，该公司找了多个单位均不能满足其要求。最后，他们通过浙江省大型仪器网找到合适的大型设备。

取得成效：由于其他单位不能检测，服务单位充分发挥检测设备和技术优势，为该公司解决了成分检测问题，使该公司的生产和销售得以顺利完成，并取得了一定的社会效益。

4. 大型仪器服务案例：固体燃料电池电堆密封材料的筛选案例

所使用的仪器设备设施名称：【多晶X射线粉末衍射仪(X-ray distraction，XRD)】

基本情况：燃料电池是一种利用燃料和氧化剂(空气)，通过电化学方式直接转化为电能的装置，具有高效、环境友好、可连续运转等特点，被评为21世纪最有吸引力的发电方式之一。固体氧化物燃料电池(solid oxide fuel cell，SOFC)采用固体氧化物作为电解质，其综合效率超过80%，高于任何一种传统的发电机和其他类型的燃料电池；SOFC系统涉及的领域极其广泛，包括电力、能源、建筑的供电供热、化工、交通运输、电子控制和传感器、环境等方面。CLS燃料电池事业部是目前国内最大的固体氧化物燃料电池(SOFC)研发机构，有着多年的SOFC粉末、单电池、电堆等相关产品的研发和生产经验，拥有遍及北美、欧洲、亚洲等各国和地区的数百家客户，主要产品为SOFC用纳米阴极粉末、半电池、单电池和电池堆。在平板式电堆中，密封材料置于单电池和连接体之间，将燃料和氧化气体限制在各自的空间里。对实际运行的SOFC而言，密封材料非常重要，电池堆通常工作于600～800℃的高温环境中，在高温下密封材料很可能发生物性状态的改变、物相变化，甚至发生分解或裂解反应，若出现上述问题，将导致氧气和燃料电池相混合，不仅会降低燃料电池的利用率，而且可能使SOFC失效，甚至有可能发生爆炸。

取得成效：CLS测试中心利用原位XRD测试表征了不同密封材料在不同温度和热循环状态下微观结构的变化情况，最终筛选了某种玻璃粉作为电堆的密封材料，应用到该电堆模块生产中，表明该材料在热循环过程中的密封性能达到100%，为模块的正常运行和质量的提高提供了重要保障。2012年用该材料制成电堆的销售额超过100万元，给燃料电池事业部带来了良好的经济效益和社会效益。

5. 大型仪器服务案例：核磁共振波谱仪在氢化SBS结构与组成分析上的应用案例

所使用仪器设备设施名称：【核磁共振波谱仪(nuclear magnetic resonance，NMR)】

基本情况：SEBS 是热塑性弹性体 SBS 的加氢产物，常称为氢化 SBS。这种被氢化的 SBS 由于具有较高含量的 1，2 结构，在氢化后组成为聚苯乙烯(S)—聚乙烯(E)—聚丁烯—1(B)—聚苯乙烯(S)，故简称为 SEBS。1974 年 Shell 公司首次在世界上实现 SEBS 工业化生产，商品名为 Kraton G。随着 SEBS 应用范围扩大，参与 SEBS 开发、生产的厂商日益增多，到目前为止，全球 SEBS 生产、销售能力达到 20 万吨，其中 Shell 公司生产 11 万吨/年，其余厂家生产能力共计 9 万吨左右。由于 SEBS 中丁二烯段的碳碳双键被氢化饱和，因而其具有良好的耐候性、耐热性、耐压缩变形性和优异的力学性能，广泛用于生产高档弹性体、塑料改性、胶粘剂、增粘剂等。SEBS 的结构和组成的变化，影响 SEBS 的各项性能指标及其在不同材料中的应用，所以确定 SEBS 的结构和组成十分关键。而确定高分子结构和组成最好的方法是测定核磁共振谱，由于 SEBS 具有不同的结构组成，在确定结构上有一定的难度，我们摸索检测方法，制定了多个测试方案，对核磁氢谱、碳谱及二维谱等，对 SEBS 各个链段的化学位移进行了归属，然后确定了 SEBS 各个链段的组成及含量。最终分析了不同批次的 SEBS 结构和组成。

取得成效：为某聚合物有限公司分析了不同批次的 SEBS 的结构和组成，协助该公司开发了新型 SEBS 产品，拓宽了企业的业务及影响力，给企业带来了可观的经济效益。

6. 大型仪器服务案例：ICP 电感耦合等离子体发射光谱仪服务案例

所使用仪器设备设施名称：【ICP 电感耦合等离子体发射光谱仪】

基本情况：宁波 WLT 机械设备有限公司是国内首家专业研究、开发、生产工厂化全自动豆芽生产流水线设备厂家。在研究开发“五龙潭”系列豆芽生产机械设备中，精益求精，产品因此得到国内广大豆芽生产厂家的青睐。目前，此设备已被宁波、杭州、南京、北京、郑州、青岛等大型蔬菜食品生产公司所采用，反映良好，性能稳定，填补了此项目的国内空白。该设备所用材料为不锈钢，企业为保证设备的高质量，该公司对不锈钢的各项化学成分严格把关，为此，用户找到服务单位，要求进行不锈钢设备材料的化学成分检测。

取得成效：由于用户生产的设备供不应求，要求检测快速、准确。服务单位急客户之所急，加班加点，满足用户的要求。为产品的高质量、快速供应市场提供了可靠保障。

7. 大型仪器服务案例：量子点掺杂玻璃的高分辨透射电子显微镜表征案例

所使用仪器设备设施名称：【透射电子显微镜(transmission electron microscope，TEM)】

基本情况：量子点掺杂的滤光玻璃具有特殊的光学线性和非线性性质，在非线性和电光效应的器件应用方面有良好的应用前景。主要的掺杂材料有半导体量子点(CdS、PbS 等)、金属纳米颗粒(Cu、Ag、Au 等)。这些材料的纳米尺度范围接近块状晶体激子波尔半径,纳米颗粒内部电荷载流子的量子限域导致光学带隙的蓝移和激子分立能级的出现,所以材料的性质强烈地依赖于量子点颗粒的尺度。温州大学开展Ⅰ-Ⅲ-Ⅵ族纳米晶玻璃的制备及三阶非线性研究,已制备出了一系列的纳米量子点掺杂玻璃,并对其三阶非线性进行了深入的研究。透射电子显微镜是直接表征纳米晶玻璃中量子点颗粒的唯一方法,但是非晶玻璃样品的透射电镜样品难以制备,在测试时电子束辐照下结构不稳定,一直难以获得掺杂纳米材料的尺寸、在玻璃中的分布情况等。

取得成效:CLS 透射电子显微镜实验室探索了量子点掺杂玻璃的透射电镜样品制备方法,先后采用了离子减薄法、机械研磨法制备材料的透射电镜样品,并进行 TEM 表征。由于玻璃的 TEM 样品在电子束辐照下很不稳定,实验室通过控制电镜参数,测试了均匀分散在玻璃基体中 10～50nm 的纳米颗粒尺寸,获得了清晰的高分辨像,可以看出 CdS 纳米晶晶格条纹清晰,结晶性很好,还对其他 PbS、Cu 等量子点掺杂玻璃样品进行了 TEM 表征,为其项目进展及论文发表提供了有力的支撑。纳米颗粒 TEM 明场像和高分辨像如图 11-18 所示。

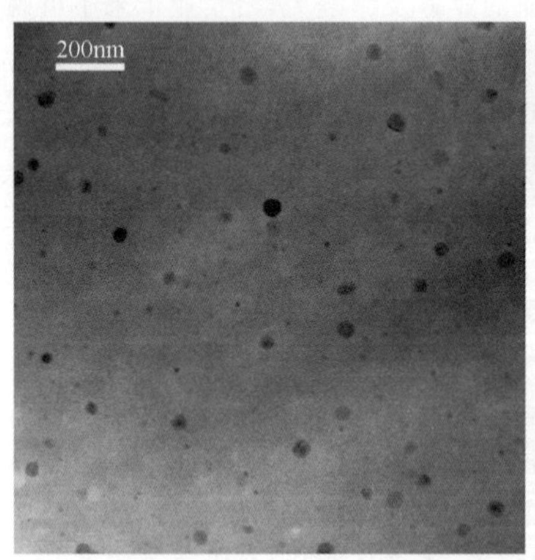

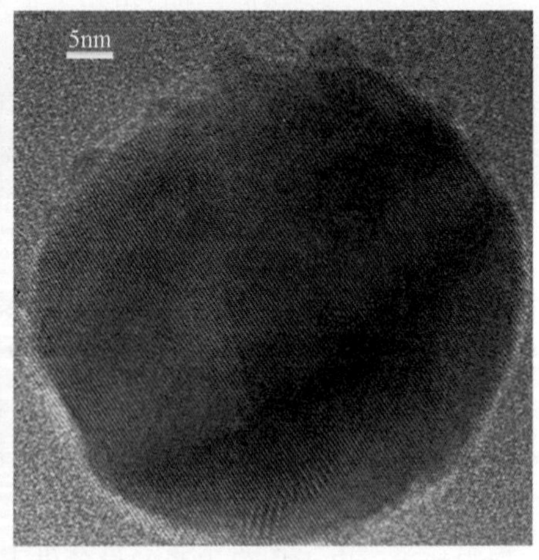

图 11-18 纳米颗粒 TEM 明场像和高分辨像

8. 大型仪器服务案例:蒙脱土掺杂 PET 复合材料显微结构表征案例

所使用的仪器设备设施名称:【透射电子显微镜、超薄切片机】

基本情况:聚对苯二甲酸乙二醇酯(PET)具有优良的热性能和机械性能,是一种用途广泛的塑料。但由于 PET 结晶速率慢、成型收缩率大、抗冲击性能差,一直限制了其在工程塑料领域的应用,可通过掺杂无机材料改性来改善某方面的性能以扩大其实际应用。蒙脱土(MMT)作为该类材料的改性剂,使 PET 插层到具有层状结构的 MMT 中，可使 PET 的热学性能和机械性有较大提高。利用透射电子显微镜对 MMT 在 PET 内的分散情况以及内部插层结构的显微结构分析，对提高材料性能及改进加工工艺具有指导意义。然而，掺杂有 MMT 的 PET 复合材料有较高的强度，使得用超薄切片方法制备 TEM 样品非常困难：切出的样品通常呈细碎的粉末状，样品的不平造成的质厚衬度使得 MMT 的观察很困难，这样的样品不符合 TEM 的观察要求。

取得成效：针对上述问题，CLS 透射电镜实验室探索了掺杂蒙脱土的 PET 超薄切片方法，成功制成了比较平整的透射电子显微镜样品，符合测试的实验要求，并对样品内部蒙脱土的分散情况以及插层结构进行了 TEM 表征，清晰地观察到了蒙脱土（见图 11－19）和 PET 材料的插层结构情况（见图 11－20），分析了不同掺杂量样品插层结构的差别。通过这些分析测试，为公司聚酯材料的研发提供了重要的实验依据，获得了企业的好评。

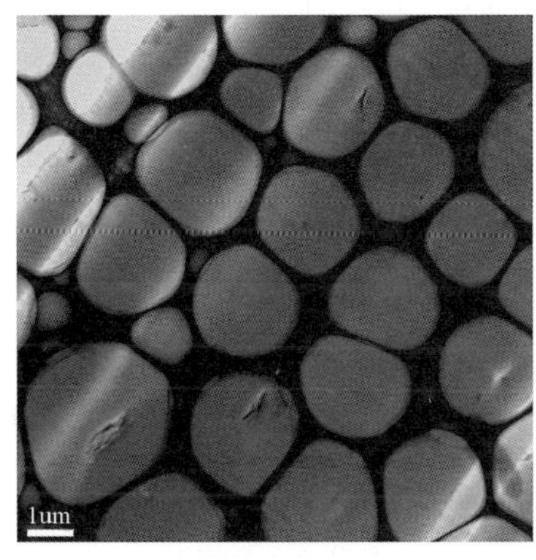

图 11－19　PET－MMT 切片的 TEM 明场像

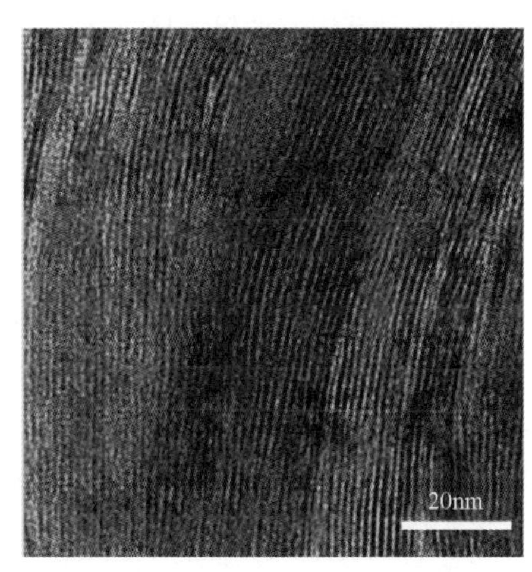

图 11－20　插层结构的高倍 TEM 明场像

9. 大型仪器服务案例：宁波出入境检验检疫局案例 1

中心与郑州期货交易所建立长期的精对苯二甲酸（PTA）期货交割品质检验合作，2012 年运用熔融指数仪、自动馏程仪、差示扫描量热仪等仪器多次对甲基苯甲酸和对羧基苯甲醛项目进行检测，产生经济效益 20 余万元，检出不合格项 12 项，中心同志加班加点，以最快的速度、最好的质量完成了所有检测环节，保证了精对苯二甲酸（PTA）期货的及时交割。

2012 年中心与宁波市象山县食品药品监管局合作，对抽检的样品进行皮肤过敏性物质富马酸二甲酯的检测。凭借我中心在宁波仪器共用网上的公开仪器设备和雄厚的技术力量，共完成 48 个检测工作，为食品安全评价提供依据。

2012 年,中心与宁波阳光画材有限公司建立长期的产品检测合作关系,对该企业的调色盘、洗笔杯、调色刀和工具箱等出口产品进行美国标准 ASTM F963 和欧盟标准 EN 71－3 涉及的 8 项可溶性金属项目的检测,2012 年累计完成 96 批 200 余个样品的检测,为企业的进出口提供了良好的质量保证,获得了企业的充分肯定。

技术中心采用能量色散偏振 X 射线荧光光谱仪对宁波弘生进出口有限公司的各种产品进行 ROHS 指令和欧盟 REACH 指令涉及的铅、砷、汞、镉、溴、六价铬、钼、锆和铪等元素的筛选,保证了产品的质量控制,加快了产品的检验检测周期。凭借我中心在宁波仪器共用网上的公开仪器设备和雄厚的技术力量,共完成 120 余个批次,3000 余项的检测工作,为产品的顺利出口保驾护航。

10. 大型仪器服务案例：宁波出入境检验检疫局案例 2

宁波市电镀协会是宁波地区电镀行业协会,通过宁波仪器共用网及其他有关部门了解到我中心的检测设备及检测能力后进行了联系,主要就各类电镀件表面镀层中有害物质(RoHS)检测事宜进行了沟通,最后达成委托检测协议。

该协会现有会员 50 余家,主要以宁波市电镀加工企业为主,同时还有几家电镀产品的检测机构,由于宁波地区众多电镀企业以家庭作坊为主,规模小、产品质量参差不齐、有害物质检测及防控能力低。针对现状,宁波电镀协会本着服务行业、提升产品质量水平为宗旨,积极联络相关检测实验室。该协会通过宁波仪器共用网的信息了解到中心后,双方进行了积极沟通,中心派专业技术人员到协会了解目前电镀行业有害物质控制情况,并就电镀产品国内外相关技术法规进行了宣讲,经友好协商双方签署了合作协议。此后,电镀协会将会员单位的检测任务委托给技术中心检测,较好地解决了电镀产品有害物质控制的技术问题。

从 2006 年 7 月 1 日起欧盟 RoHS 指令正式生效。众多电镀企业和使用电镀产品的企业碰到了一个棘手的问题,就是金属镀层中有害物质检测的问题。因为现有的检测标准只能进行定性或按 $\mu g/cm^2$ 给出结果,不能符合指令按质量分数给出结果并进行符合性判定的要求,并且由于金属镀层中如锌等强还原剂的存在,用现有方法(沸水或碱溶液浸取等)浸取出的六价铬不能真实地反应金属镀层中固有的六价铬含量。

宁波奉化市东方电镀有限公司通过宁波仪器共用网与我中心联系,寻求检测技术的支持。我中心深入研究了金属镀层中三价铬和六价铬相互转变的条件,提出了样品前处理的合理方法,用能量色散 X 荧光光谱仪等仪器进行检测,较好地解决了镀层中有害物质检测的问题。使电镀企业能及时更改配方和生产工艺,生产出符合 RoHS 指令要求的产品。为使用电镀产品出口的企业保驾护航,有力地促进了外贸出口,具有明显的社会效益和经济效益。

11. 大型仪器服务案例：宁波工程学院案例

宁波工程学院（以下简称“学院”）现有 20 万元以上入网大型仪器设备 18 台（套），学院所有设备总值超过一千万，仪器设备涉及面比较广泛，主要有化工、建筑、机械、物流、电子信息等等，设备先进，技术力量强。长期以来，学院一直重视教学科研设备，尤其是大型科学仪器设备的管理和利用，在近几年宁波市大型仪器共用网服务中心的支持下，学院更是加大力度，认真学习先进管理经验，大力推进大型仪器的交流与共享，大力倡导为经济建设服务，服务社会，服务地方经济，不断提高入网大型仪器的使用效率及服务质量。2012 年，学院入网仪器对外测试服务收入约 80 万元，服务企业约 110 家。

以学院的建工试验中心为例，它是学院具有建筑工程材料、市政工程材料、水利工程测试常规检测资质和建筑工程结构、建筑工程钢结构、建筑节能、地基基础、市政桥梁及室内空气质量专项测试资质的综合检测试验中心，现有专业检测、管理人员 82 人，其中教授 1 人，副教授（高级工程师）10 人，工程师（实验师）22 人，助理工程师（助教）25 人，检测人员均为大专以上学历，且每人均持有一项或多项上岗资格证书。试验中心建筑总面积约 4000 平方米，20 万以上大型仪器设备达 4 台（套），总值约 300 万元，设备配置先进，测量数据精确，如西德引进的电液伺服万能试验机和抗压抗折试验机，国产的微机控制疲劳试验机和建筑门窗墙体保温性能检测装置等，凭借其优良的工作性能和独特的设计构造，为地区的建筑工程检测提供了特有的技术服务，已为宁波检测界所公认。

自 1989 年开始对外开展建设工程质量检测工作以来，试验中心以学院的师资队伍为后盾，积极开展科研公关，提升检测项目的技术含量。2012 年，学院获市级资助横向的课题统计有 30 余项，如“金塘大桥混凝土结构耐久性长期监测预评估”“长寿命多功能节能墙板的关键技术”“大型公共建筑能耗监测系统建设”等课题项目；省部级资助的纵向课题共有 30 多项，如“高陡边坡工程加固治理中注浆材料的耐久性研究”“基于 Navier 波动理论的路桥过渡段动力特性分析”“新型绿色制冷剂与压缩机制冷系统耦合特性研究”等课题研究。

2002 年，建工试验中心在宁波市率先通过省级计量认证，取得为社会出具科学性、公正性证据的资格。在随后的几年中，不断有新项目通过计量认证。2012 年，试验中心经计量认证复审、扩项后检测参数达 574 项，目前试验中心正积极申报国家认可实验室，以满足着当前快速发展的建设需要。

2012 年，有一家委托单位　　浙江大经建设集团股份有限公司，该单位承建的宁波镇海化工区的一大型钢结构厂房工程，工程中设计采用一种型钢，正式投入使用前需对该钢梁的承载能力进行验证，以确保满足工程实际承受的载荷要求。因该钢梁尺寸较大，国内大多数的试验机是无法进行承载力试验的。但如果在工程现场进行检测，那么检测所投入的工作量非常大，且检测准确性差、费用高。而要在试验室里进行该钢梁的承载力测试，那问题是现在国内大多数的试验机主要是针对建筑材料类的力学性能试验，而只有少部分的大型试验机可以完成较大构件类的承载力性能测试，且国内大型试验机的伺服系统对油压的控制不够稳定，程序类型比较单一，不能任意设置，而学院的电液伺服万能试验机不但具有空间结构大、刚度高和数据采集稳定、精确等优点，且其操作程序可由试验人员自主编写，可减少由人为的操作因素造成的影响。因此，对于混凝土、金属材料构件的承载力检测是最为合适的。由于该仪器具有性能良好、结构独特的优点，在地方实际经济、技术服务中，不但能很好地运用于梁板类构件的力学性能试验，而且可以做其他形状特异的一些建筑产品相关力学性能的检测，如井盖、大口径 PE 管材等，从而极好地解决了工程建设中涉及检测所需配置仪器总体性能高的问题，并在服务地方建设中，取得了良好的社会效益和经济效益。譬如，2014 年，有一家建筑单位——宁波市建设集团股份有限公司，该公司承包了鄞州区滨海蓝天小区配套工程项目，为使小区的总体视觉效果更为美观、理想，工程中改用了一种由花岗石制成的井盖和水箅，而目前国内尚无相应的产品标准，这类产品不同于其他复合材料的制成品，其主要部分为花岗岩和钢板底座，但要求试验参照的标准仍是现行《再生树脂复合材料水箅》JC/T130－2001 这一标准的技术要求。但是，花岗岩是一种脆性材料，抗弯折强度低，如果受力不均匀，那成品后的花岗岩是极易破碎的，那么要达到合格的产品，其产品试件应具有良好的受力结构。因该工程又受鄞州区市政工程质量监督站的直接监管，必须待试验结果合格后，方能允许施工方正式投入使用。而实验室该试验机的优越功能足以满足此项检测任务，所以，当时质监站负责人来察看此项试验的时候，当场对整个试验环节及产品本身的质量均表示认可，因此，新的产品也很快得以投入该工程的使用中。

又如 2012 年有一家委托单位——浙江科诚建设监理有限公司，该单位承建鄞州区横街镇中心初级中学食堂、体育馆，工程设计中采用了 2400mm×2400mm 的铝合金门窗，要求对该门窗的保温性能进行检测。由于该门窗尺寸相当大，国内大多数的建筑门窗墙体保温性能检测装置只能检测最大尺寸为 1800mm×1800mm 的门窗试件。如果不是按整个门窗进行传热系数的检测，也可以做此项目的检测，但检测后的数值与实际值就会有差异，其准确程度现尚无数据统计，因为按小试件进行检测的试件边框围护周长比原试件边框围护长度短，目前在这个试验中暂时还无法根据经验值或计算加以修正。因此，要得到准确的测试值，必须使用整框门窗做试验。根据委托方所承建工程的特殊性，要求对所安装使用的整框门窗进行传热系数的检测，且要得到一个准确的值，才可以保证工程中建筑物外围结构的整体保温效果，以便最大限度地减少能耗。而学院建工试验中心现有的建筑门窗墙体保温性能检测装置能根据试件的实际大小适当地扩大试件安放口，而且使用较为简便。最后，中心为保证委托方能放心地使用合格的产品提供了特殊的检测技术服务和可靠的证明。当然，该建筑门窗墙体保温性能检测装置在服务地方建设的同时，也在学院的科研活动中发挥着很大的作用。如 2012 年学院一组科研人员利用该仪器进行了一种新型建筑节能复合材料隔板导热系数的测量实验，该科研项目主要是针对目前建筑装修中吊顶无隔热措施的现状而展开的研究项目，通过对不同材料复合后的试验品进行大量的实验，确定了一种新型的复合材料隔板，不仅具有一定的抗折强度，而且其甲醛释放量远低于国标规定的限量值，因此，该产品具有很好的市场前景。

宁波工程学院建工试验中心通过不断地拼搏与努力创新，取得了较好的科研成果和检测业绩，在地方和省内的检测领域里都有较高的知名度，并在 2012 年获得了国家建设工程检测管理委员会的认可与嘉奖，获奖名额在浙江省仅有 2 个。2012 年 11 月，省计量认证专家组来试验中心现场复查和扩项考评时，在最后的会议中，岑如军教授曾总结说："通过本次评审，我们确实看到了宁波工程学院建工试验中心的整体检测能力和水平，应该说在目前浙江省内所具有的建设工程各类检测资质和检测参数中是处于前列位置的……"

宁波工程学院积极响应宁波市政府"教学科研服务地方经济"的号召，努力营建资源共享良好环境，发挥了大型仪器设备服务地方的积极作用，为宁波市及周边地区经济的发展做出了一定的贡献，为学院开拓了新的发展渠道。

12. 大型仪器服务案例：ICP 电感耦合等离子体发射光谱仪案例

所使用仪器设备设施名称：【ICP 电感耦合等离子体发射光谱仪】

基本情况：BGHN 公司总部位于美国密歇根州，为全球主要汽车生产商提供先进的动力系统解决方案，为世界上众多的整车厂和动力系统供应商开发提供了高技术含量的发动机及变速系统关键部件。BGHN 在北京、上海、宁波三地设有工厂和办事处，业务主要集中在变速箱、涡轮增压器、传动链等方面。由于这些产品检测水平要求高，因此，BGHN 找到可以胜任的研究院承担化学成分检测。

取得成效：服务单位为用户单位各种部件的变速箱、涡轮增压器、传动链的金属材料进行化学成分检测，帮助该公司解决了检测问题，取得了社会效益和一定的经济效益。

13. 大型仪器服务案例：扫描电子显微镜对汽车发动机零件的失效分析案例

所使用的仪器设备设施名称：【场发射扫描电子显微镜】

基本情况：发动机正时链条的主要作用是驱动发动机的配气机构，使引擎进、排气门在适当的时候开启或关闭，以保证发动机汽缸能够正常地吸气和排气。与老式皮带相比，正时链条传动可靠、故障率低，不易发生由于正时传动故障而导致的汽车抛锚现象，并且终身免维护，这就使其与发动机同寿命，将引擎的使用、维护成本降低了不少。在发动机工作的过程中，正时链条绝对不可以断裂。一旦发生断裂现象，发动机就会立刻熄火，多气门发动机还会导致活塞将顶气门顶弯，严重的更会损坏发动机整体。正时链条生产商需严格检验产品质量，需对每一批次的正时链条进行拉伸试验。在某次试验过程中，正时链条产生断裂现象，而问题产品会对公司造成极大负面影响及损失，分析断裂成因成为公司当务之急，但断裂成因较多，材料、加工工艺等都有直接影响，断裂失效分析成为关键。

取得成效：中心利用扫描电子显微镜分析零部件的断口形貌，克服了零件复杂、断口形貌不平整等困难，分析了各种零件韧性断裂及脆性断裂的区域，帮助公司成功分析了拉伸试验中零件的断裂成因，为企业挽回了损失，并为企业提高产品质量、防止产品产生零件失效提供了理论依据。

14. 大型仪器服务案例：工业 CT 系统服务案例

所使用仪器设备设施名称：【工业 CT 系统】

基本情况：TG 汽配厂新开发的涡轮叶片形状复杂，工艺先进，常规的无损检测方法无法对其质量进行检测。该单位通过浙江大型仪器网找到 NBW 研究院，与其进行了联系，确认其工业 CT 系统可完全满足其检测需求。2012 年，TG 汽配厂多件产品通过 NBW 研究院工业 CT 的检测，取得了满意的结果，确保了该产品的出厂质量，受到该单位的好评。

取得效益：服务单位 NBW 研究院获得一万多元的检测收益，并与用户单位签订得长期合作协议；用户单位保证了新产品的出厂质量，取得良好的社会效益。

15. 大型仪器服务案例：MEF4M 金相显微镜案例

所用仪器设备名称：【MEF4M 金相显微镜】

基本情况：JD 压力容器有限公司送检 30 铬钼叶片。在使用过程中，该叶片发生开裂。通过大型仪器网与服务单位联系，将失效件送到服务单位的金相试验室分析断裂原因。分析结果表明该零件中存在较多氧化夹杂，这些氧化夹杂割裂了材料的连续性，大大降低了材料的强度，零件使用过程中极易在这些薄弱部位发生断裂。

取得成效：企业通过与服务单位合作，为企业产品加工制造工艺的制定提供了很大的帮助，产生了巨大的经济效益。

16. 大型仪器服务案例：微机控制电液伺服案例

使用仪器名称：【微机控制电液伺服万能试验机】

基本情况：YJ 集团有限公司，是一家较大规模的生产脚手架扣件的综合企业，其最新研制的新型碗扣型多功能脚手架连接件，具有使用方便、连接牢固、安全性能可靠的特点。该产品研制成功后，由于其形状复杂，又是新产品，而且没有现成的检测方法,因而在该产品的检测方面遇到了困难。该公司通过浙江大型仪器网找到学院后,学院组织相关技术人员,针对该产品的结构特点,编制试验方法,设计加工工装夹具,根据该产品使用情况对其实施受力检测,最终成功完成该产品的检测。

取得成效:为用户提供可靠的检测方法和准确的试验结果,保证新产品的开发和推广,服务单位也取得了良好的社会和经济效益。

17. 大型仪器服务案例:PPMS 测试永磁铁氧体低温磁性能参数案例

所使用的仪器设备设施名称:【综合物理性能测试系统(PPMS)】

基本情况:WC 电子有限公司是专门生产各种类型磁铁的高科技企业。WC 目前已成为钕铁硼和铁氧体两大类永磁材料领域里主要的生产厂商之一。公司拥有一支强大的研发和技术管理队伍,已通过 ISO 14001,TS 16949 量体系认证,2009 年被评为“松下优秀供应商”。由于铁氧体具有矫顽力(Hc)较大、重量轻、原料丰富、耐氧化、耐腐蚀等优势,目前已经成为应用最为广泛的永磁材料之一。对于永磁材料,其磁性能中的剩磁(Br)、矫顽力(Hc)和最大磁能积(BH)max 决定其在工业中的用途。因此,对永磁铁氧体磁性能参数的测量非常重要。目前,由于国内永磁材料测量仪对低温永磁材料退磁场测量的局限性(室温以上),对永磁材料的测量只能利用开路原理的振动样品磁强计(VSM)来测量。

取得成效:CLS 利用 PPMS 的 VSM 选件对 WC 公司的永磁材料测量了室温以下(−60℃～20℃)不同温度点的退磁曲线。由于仪器开路测量的原理,所以对测试结果采用退磁因子修正,获取其样品的剩磁、矫顽力和最大磁能积,并根据客户的需要绘制数据图,获得客户的高度认可。其公司产品性能通过我们的表征,受到日本方面的认可,使其产品远销日本,取得了巨大的经济效益。

附　录　科技服务规范 SZ/T 12—2015

SZ

中国生产力促进中心协会标准

SZ/T 12—2015

科技服务规范

2015－02－10 发布　　　　2015－04－01 实施

中国生产力促进中心协会　发布

目　次

说　明

本标准按照 GB/T 1.1—2009 给出的规则起草。

本部分由中国生产力促进中心协会提出并归口。

本部分起草单位：宁波市生产力促进中心、北京振华机电技术公司、中机生产力促进中心。

本部分起草人：王剑荣、王剑、李勤、隰永才、刘红旗、潘凤湖、王宝超、郭英玲、姜楠、张枫、李晶莹、夏杰。

本部分为首次发布。

科技服务规范

1　范围

本标准规定了生产力促进中心科技服务的内容、基本要求和工作程序。

本标准适用于各生产力促进中心的科技服务。其他机构开展研发外包服务时，也可参照使用。

2　规范性引用文件

下列文件中的条款通过 SZ/T 1 的本部分的引用而成为本部分的条款。凡是注日期的引用文件，其随后所有的修改单(不包括勘误的内容)或修订版均不适用于本标准。然而，鼓励根据本标准达成协议的各方研究是否可使用这些文件的最新版本。凡是不注日期的引用文件，其最新版本适用于本标准。

《SZ/T 1 服务业务通用要求》

《SZ/T 2 信息与信息化服务规范》

《SZ/T 3 咨询服务规范》

《SZ/T 4 培训服务规范》

《生产力促进中心管理办法》

3　术语和定义

下列术语和定义适用于本文件。

3.1　科技服务　Technology Services

科技服务机构以契约的形式，向企业提供获得科技方面的技术、管理、政策、金融等相关的顾问服务，为企业解决发展现阶段科技创新中存在的问题。

3.2　专业科技服务机构　Professional Technology Services Organization

在财务、知识产权或者技术研发方面具有市场高度成熟度解决方案的科技服务机构，可以单独承担专业的科技服务。

3.3　科技服务外包　Technology Service Outsourcing

科技服务机构为了向企业提供专业的科技方面的技术、管理、政策、金融等方面的顾问服务，提高科技服务效率，将市场成熟性高的顾问服务委托给专业科技服务机构的形式。在这种情况下，发包方和分包商之间一般为垂直分工。

3.4　科技服务能力报告　Reports of Technology Service Ability

生产力促进中心根据科技服务机构的知识产权、技术研发、财务、技术人才等方面出具科技服务机构解决实际问题能力的评估报告。

4 服务内容

4.1 科技服务机构信息

收集、分析、整理科技服务机构在科技服务方面的各项信息、数据(包括专家、领域、服务情况等),并将数据信息规范化整理保存。

4.2 企业科技创新信息

通过现场调研方式,收集、分析、整理企业在科技创新方面的各项信息、数据(包括财务情况、人员情况、创新情况等),并将数据信息规范化整理保存。

4.3 科技服务实施

根据企业科技服务需求,向企业提供技术、管理、政策、金融等方面的科技服务,协助企业完成科技创新发展。在向企业提供科技服务的过程中,遇到自身能力无法提供的科技服务,通过科技服务外包的形式,委托专业科技服务机构为企业服务。

4.4 深度科技服务

为企业挖掘科技服务过程中的深度创新服务,如新产品(项目)投资咨询、企业创新战略咨询等。

5 基本要求

5.1 科技服务机构基本条件

科技服务机构或者专业科技服务机构应有可以满足科技服务要求的办公设施、通信网络和必要的工作人员。

5.2 服务人员资格

负责科技服务的工作人员应有相关专业知识背景和经验,必要时应具有相应的从业资格。

5.3 信息资料及保密

所拥有的企业信息和科技服务机构资料应准确、可靠,更新及时。未经企业或者科技服务机构同意,不得泄露数据信息,经授权允许后方可对外发布。

5.4 信息获取、咨询、培训规定

信息的获得应符合 SZ/T 2 的有关规定,开展相关咨询或培训服务时应符合 SZ/T 3 或 SZ/T 4 的有关规定。

6 工作程序

6.1 企业的管理与服务

6.1.1 企业科技创新信息收集整理

通过现场调研、电话、邮件、即时通信工具等方式收集企业科技创新方面信息,

完善企业科技创新情况。

6.1.2　企业科技创新信息更新

定期通过现场拜访、电话、邮件、即时通信工具等方式联系,及时更新企业科技创新信息,保障科技服务的顺利实施。

6.1.3　科技服务需求报告

根据企业科技创新情况调查信息,整理科技服务需求报告。

6.1.4　综合科技服务与专业科技服务

指定科技服务机构工作人员,为企业进行全程科技服务,开展相关信息化、咨询或培训服务时应符合 SZ/T 2、SZ/T 3 或 SZ/T 4 的有关流程。

6.1.5　科技服务流程

在科技服务过程中,如果科技服务机构无法满足企业科技服务需求,就选择符合要求的专业科技服务机构推荐给企业进行科技服务。科技服务机构需要评估企业的科技服务需求后,再从技术能力、经营能力、信用等方面进行评价专业科技服务机构是否符合要求。

6.2　科技服务需求管理

6.2.1　需求分析

6.2.1.1　获取需求后,对需求进行综合分析。分析的重点包括:

a) 科技服务的领域;

b) 企业需求的深度。

6.2.1.2　对科技需求进行评估,主要依据企业需求的深度。企业需求的深度主要为企业的技术、管理、政策、金融等方面欲达到的阶段。

6.3　专业科技服务机构的管理

6.3.1　专业科技服务能力调查

6.3.1.1　选择和确定调查对象

根据科技服务外包的合同和科技服务需求报告,选择有特色、有优势的专业科技服务机构。

6.3.1.2　调查内容

调查时应注意信息的准确性和时效性,调查内容包括:

a) 专业科技服务机构所属领域、主要客户;

b) 专业科技服务机构的资质认证、管理认证情况;

c) 专业科技服务机构成立时间、人员结构等。

6.3.1.3　调查方式

可以通过电子邮件、网络信息搜索或相关机构获取初步信息后,通过对企业的实地考察获取相关信息。

6.3.2　科技服务能力报告

根据调查获取的专业科技服务机构的相关信息,整理成科技服务能力报告,为科技服务外包提供依据。

6.3.3　跟踪服务

协助专业科技服务机构,在实施科技服务的过程中,协调企业与专业科技服务机构的业务开展,必要时举行企业、科技服务机构、专业科技服务机构的三方协调会议。

6.4　持续改善

项目执行完毕后,对科技服务项目进行总结,并对项目资料存档。

参考文献

[1] 阿儒涵，李晓轩，2014. 我国政府科技资源配置的问题分析——基于委托代理理论视角[J]. 科学学研究，(2).

[2] 伯利，米恩斯，2005. 现代公司与私有财产[M]. 甘华鸣，罗锐韧，蔡如海，译. 北京：商务印书馆.

[3] 蔡英辉，2013. 公共云服务：新公共服务的未来图[J]. 理论导刊，(1)：47－49.

[4] 陈艳艳，2014. 移动互联网时代企业信息化发展峰会举行[J]. 通信与信息技术，014(06)：15.

[5] 丁彦，周清明，2013. 国外农业科技服务模式探析[J]. 世界农业，(1)：28－31.

[6] 葛丽敏，2008. 公共科技服务平台的功能定位与组织模式研究[D]. 杭州：浙江工业大学.

[7] 郭强，刘冬梅，2013. 对农业科技专家大院运行机制的思考[J]. 中国科技论坛，(10)：99－104.

[8] 蒋婷，科技创新体系中的道德风险与委托-代理激励机制[J]. 科教文汇，2007(3).

[9] jssolar66，2012. 海研发公共服务平台建设情况报告[N/OL]. 百度文库. [2016－03－20]. http://wenku. baidu. com/view/2a4aa62b2af90242a895e54e. html.

[10] 李洪佳，2013. 超越委托代理——以"管家理论"重塑政府购买公共服务行为[J]. 理论学刊，2013(12).

[11] 林海，严中华，袁晓斌，等，2011. 社会创业组织商业模式研究综述及展望[J]. 科技管理研究，(20)：25－29。

[12] 刘波，2007. 江苏省创新创业公共服务平台的功能定位和框架设计[J]. 江苏科技信息，(11)：37－39.

[13] 刘品阳,2009.知识服务平台的研究与设计——陕西省主导产业科技服务平台建设[J].计算机技术与发展,(12):248-250.

[14] 罗伯特·K.殷.2004,周海涛,李虔,李永贤,等,译.案例研究:设计与方法[M].重庆大学出版.。

[15] 麦格雷戈,格尔圣菲尔德,2008.企业中的人性面[M].韩卉,译.中国人民大学出版社.

[16] 宁波市生产力促进中心,2014.市生产力促进中心组织召开科技管家与技术转移服务进企业专题研讨会[N/OL].[2015-02-01]. http://www.nbpc.org.cn/,05-29.

[17] 隋笑飞,2014. 快播总经理王欣被抓 对犯罪事实供认不讳[N]. 新华网,08-15.http://www.fj.xinhuanet.com/news/2014-08/15/c_1112099563.htm.

[18] 孙冬雪,2013.数字图书馆的云服务发展方向[J].图书馆学刊,(3):105-107.

[19] 孙坦,黄国彬,2009.基于云服务的图书馆建设与服务策略[J].图书馆建设,(9):1-6.

[20] 汤浔芳,王丽娟,2015. 2014年互联网金融P2P行业的十大总结[N]. 中国信息科技网.[2015-03-30]. http://www.cnii.com.cn/internetnews/2015-01/21/content_1519523.htm? bsh_bid=563400108.

[21] 王洪艳,2015. 2014年移动互联网不得不说的几件大事[N]. CCTIME飞象网,01-08.[2015-04-20]. http://www.cctime.com/html/2015-1-8/2015181624293463.htm.

[22] 王剑荣,游建章,夏杰,2014.宁波生产力促进中心科技管家运行机制研究[J].科技成果管理与研究,(8).

[23] 王瑞敏,章文君,高洁,2010.公共科技服务平台构建和有效运行研究[J].科研管理,(6):113-117.

[24] 王志东,2014.王志东经典语录[N].[2015-03-09].成功励志同网,http://www.80258.com/aritcle/966.html.

[25] 杨霞,许文婕,2012.构建图书馆云服务是梦想还是现实[J].四川图书馆学报,185(1):36-39.

[26] 易鹤,2014.家电"甬军"吹响突围冲锋号[N/OL].宁波日报,[2014-10-28].[2015-02-08]. http://daily.cnnb.com.cn/nbrb/html/2014-10/28/content_807478.htm? div=-1.

[27] 游建章，王剑，夏杰，2014. 科技管家：创新现代科技公共服务模式——现代管家理论的一个分析框架[N]. 宁波科技，(12).

[28] 余靖静，2012. 浙江：中小企业有了"科技公共管家"[N]. 新华每日电讯，05-04.

[29] 詹国辉，刘邦凡，2013. 构建我国企业云服务的标准体系[J]. 中国商贸，2013，(35)：42-43.

[30] 张超晔，2015. 盘点 2014 细数这一年移动互联网大事[N/OL]. [2015-05-20]. 比特网，01-02，http://m. chinabyte. com/30/13196530_m. shtml.

[31] 张寒旭，2014. 基于双边市场理论的广东省科技服务超市运营战略研究[J]. 科技管理研究，(11)：26-29.

[32] 张曙光，1998. 实证分析与合作研究——兼评《中国工业改革与效率——国有企业与非国有企业比较研究》. 经济研究，(7)：73-79.

[33] 张维迎，1997. 博弈论与信息经济学[M]. 第二版. 上海人民出版社.

[34] 张志波，2008. 现代管家理论研究述评[J]. 山东社会科学，(11)：155-158.

[35] 赵勇，2010. 宁波企业科技创新状况及创新环境调研报告[N]. [2015-03-10]. 宁波市科技信息网，http://www. baidu. com，2010-01-19.

[36] 中国家电"宁波力量"：服务体系[N/OL]. [2014-10-23]. 宁波日报，中国宁波网，http://dialog. cnnb. com. cn/system/2014/10/23/008188505. shtml.

[37] Davis J H, Schoolman D, Donaldson L, 1997. Toward a stewardship theory of management[J]. Academy of Management Review, (22): 20-47.

[38] Donaldson L, 1985. Indefense of Organization Theory, A Reply to the Critics [M]. Cambridge: Cambridge University Press.

[39] Holmstrom B, 1979. Moral hazard and observability [J]. Bell Journal of Economics, 10:74-91.

[40] Mirrlees J, 1974. Note on Welfare Economics, Information and Uncertainty[M]// Essay on Economic Behavior under Uncertainty, edited by Michael Balch, Daniel McFadden and Shif-yen Wu. Amsterdam: North-Holland.

[41] Osterwalder A, Pigneur Y, 2002. An e-Business Model Ontology for Modelling e-Business[C]. The Bled EC Conference of the 15th Bled eCommerce Conference. http://ecom. fov. uni-mb. si/Bled2002, accessed-2002.

[42] Peter Mell, Timothy Grance, 2011. The NIST Definition of Cloud Computing[R]. National Institute of Standard and Technology, US Department

of Commerce.

[43] Rasmusen E, 1994. Game and Information: An Introduction to Game Theory[M]. Cambridge: Blackwell Publisher.

[44] Ross S, 1973. The economic theory of agency: the principal, problem, American [J]. Economic Review, 63:134-139.

[45] Spence M, Zechhauser R, 1971. Insurance, information and individual action[J]. American Economic Review (Papers and Proceedings)61:380-387.

[46] Wilson R, 1969. The structure of incentive for decentralization under uncertainty[J]. La Decision: 171.

索引